DR. MED. AXEL-JÜRG POTEMPA

»Was hat Sie denn da geritten?«

DR. MED. AXEL-JÜRG POTEMPA

»Was hat Sie denn da geritten?«

Ein Sexualmediziner erzählt von seinen skurrilsten Fällen

riva

Bibliografische Information der Deutschen Nationalbibliothek
Die Deutsche Nationalbibliothek verzeichnet diese Publikation in der Deutschen Nationalbibliografie. Detaillierte bibliografische Daten sind im Internet über http://dnb.d-nb.de abrufbar.

Für Fragen und Anregungen
info@rivaverlag.de

1. Auflage 2018

Nymphenburger Straße 86
D-80636 München
Tel.: 089 651285-0
Fax: 089 652096

Manuskriptbearbeitung: Stephan Handel
Redaktion: Werner Wahls, Ulrich Mihr
Umschlaggestaltung: Isabella Dorsch
Umschlagabbildung: Shutterstock.com/Nutnarin Khetwong
Layout: Kristin Hoffmann
Satz: Georg Stadler
Druck: CPI books GmbH, Leck
Printed in Germany

ISBN Print 978-3-7423-0660-9
ISBN E-Book (PDF) 978-3-7453-0367-4
ISBN E-Book (EPUB, Mobi) 978-3-7453-0368-1

INHALT

VORWORT

Warum haben Sie dieses Buch gekauft? Wollen Sie es verschenken? Ein paar skurrile Geschichten lesen, die man gut im Freundeskreis erzählen kann, Kategorie »Was es nicht alles gibt«? Seien wir ehrlich: Kein anderes Thema interessiert und bewegt die Menschen so sehr wie ihre Sexualität. Die Suche nach dem richtigen Partner, das Leid, wenn jemand verlassen wird, die Einsamkeit, wenn sich gerade niemand lieben lassen will – all das hat im Leben eine überragende Bedeutung und ist viel wichtiger als Reichtum, Karriere oder andere Äußerlichkeiten. Umso schlimmer, wenn das, was uns so viel Lust bereitet und so viel Spaß macht, plötzlich nicht mehr funktioniert. Es ist ein kompliziertes Zusammenspiel zwischen den rein körperlichen Funktionen und dem Geist, zwischen den Hormonen und der Seele, zwischen unserem Wollen und unserem Können. Und wenn da etwas nicht mehr flutscht und nicht mehr steht, wenn's juckt und brennt und anschwillt – dann quält uns das mehr als ein entzündeter Zahn oder ein eingewachsener Zehennagel. Denn die betreffen nicht unsere Persönlichkeit.

Wenn jedoch unsere Sexualität uns im Stich lässt, dann gerät unser Selbstbild ins Wanken: Bin ich denn überhaupt noch der tolle Hengst, die begehrenswerte Frau, als der/die ich mich bislang gesehen habe? Werde ich noch geliebt werden und lieben dürfen, wenn ich in einem so existentiellen Bestandteil einer Partnerschaft nicht mehr den Erwartungen entspreche? Hinzu kommt, dass uns allen tagtäglich auf allen Medienkanälen erzählt wird, wie das denn geht mit der Liebe – von der kitschigen, aber völlig unrealistischen Soap im Fernsehen bis zur jederzeit verfügbaren Pornografie, voll von allzeit bereiten Männern und allzeit willigen Frauen. Diese Bilder nehmen wir mit, wenn wir abends ins Bett gehen – nur liegt dort dann wahrscheinlich nicht die Frau, die vor Begehren und Sinnlichkeit dahinschmilzt, und der Mann denkt vielleicht nicht daran, auf wie viele verschiedene Arten er sie heute durchs Universum fliegen lassen wird, sondern an den Anschiss, den ihm am Nachmittag sein Chef verpasst hat.

Es ist also alles nicht so einfach mit dem Sex, und es geht beileibe nicht nur darum, dass »jeder Hans seine Grete finde«, wie Arthur Schopenhauer schrieb. Der Arzt, der sich mit der Sexualität beschäftigt, muss mehr können als ein Orthopäde, der ein Röntgenbild anschaut und dann den gebrochenen Arm eingipst, mehr als ein Zahnarzt, der gründlich die Karies herausbohrt und eine schöne Füllung einsetzt. Meine Patienten kommen nicht nur zu mir, weil sie Schmerzen haben oder etwas in ihrem Körper nicht so funktioniert, wie es sollte – sie kommen zu mir, weil sie als Person wieder ganz werden wollen, weil sie neben der Heilung ihrer Beschwerden von mir die Wiederherstellung ihres Selbstbildes erwarten.

Ursprünglich wollte ich Frauenarzt werden. Zum einen gab es in meiner Familie schon zwei Urologen, meinen Vater und meinen Bruder, und zwei von einem Fach, das reicht, dachte ich mir. Zum anderen fand ich es faszinierend, Menschen, Babys zur Welt zu bringen. Als ich dann aber nach dem Studium in der Geburtshilfe einer Klinik arbeitete, merkte ich schnell, dass diese kleinen Wesen sich leider nicht an Dienstpläne halten und nicht an das, was ich gerade so vorhatte – vorzugsweise nachts, besonders gerne am Wochenende entschieden sie sich, nun das Licht der Welt erblicken zu wollen. Vor der kompletten Facharztausbildung wollte ich sowieso noch ein Jahr in der Urologie arbeiten – und dort fand ich schnell heraus, dass mir das doch mehr Spaß machte als alle anderen Fächer, in die ich schon hineingeschnuppert hatte.

Der Urologe gilt fälschlicherweise als »Männerarzt«, was daran liegt, dass Gynäkologen in manchen Bereichen unser Geschäft mit erledigen. Aber natürlich behandeln Urologen auch Frauen, etwa bei Erkrankungen der Blase oder der Nieren. Ich habe mich daneben schon früh für Störungen der Sexualfunktionen interessiert – ein Gebiet, an das zumindest damals viele Kollegen mit einer Haltung des »Da kann man ja eh nichts machen« herangingen. Das stimmte damals schon nicht, und es stimmt heute noch viel weniger. Für die Erektile Dysfunktion – landläufig: Impotenz – gab es schon in meinen Anfangsjahren Therapien, wenn auch mit zum Teil martialisch anmutenden Apparaturen. Einen großen Schritt vorwärts machte die Medizin Ende der 90er Jahre, als die sogenannten PDE-5-Hemmer auf den Markt kamen, das bekannteste dieser Medikamente trägt den Handelsnamen Viagra. Zu dieser Zeit – ich hatte 1996 dem Klinikbetrieb Ade gesagt und mich in München mit einer eigenen Praxis niedergelassen – war ich in der ganzen Stadt der einzige Arzt, der im Telefonbuch als Spezialgebiet »Sexualmedizin« angab. Bald jedoch erkannte ich, dass es in den wenigsten Fällen reicht, den Mann und seine Symptome zu behandeln: Er und seine Frau bilden ein System, wenn in diesem Störungen auftreten, dann muss das System therapiert werden. Deshalb bezeichne ich das, was ich mache, heute als »Partnerschaftsmedizin«. Dass dafür Bedarf besteht, zeigt mir nicht nur der Zulauf in meiner Praxis. Immer wieder bin ich verwundert, wie wenig Wissen in diesem so existentiellen Gebiet vorhanden ist. Das ist umso bedauerlicher – und gefährlicher –, als die Sexualität heute ja zum größten Teil von der Reproduktion befreit ist und fast alleine als Mittel zum Lustgewinn angesehen wird. Wenn jemand nun meint, er müsse mit möglichst vielen Partnern Sex haben, dann soll er das tun, darüber habe ich nicht zu richten. Aber zum Schutz seiner selbst und seiner Partner sollte man doch erwarten können, dass er Bescheid weiß über Hygiene, über sexuell übertragbare Krankheiten, über die Gefahren von Aids und HIV, und vor allem: wie er sich und andere vor solchen Erkrankungen schützen kann.

Natürlich sind die Geschichten in diesem Buch – hoffentlich – lustig, absurd und manchmal nur zum Kopfschütteln. Sie haben jedoch einen durchaus ernsten Hintergrund: Wenn jemand zum Arzt muss, dann ist etwas schiefgelaufen. Glücklicherweise sind Urologie und Sexualmedizin meistens in der Lage, schnell und effektiv zu helfen. Aber wäre es nicht besser, die Menschen wüssten ausreichend Bescheid, um gar nicht erst in solche Situationen zu kommen?

Neben diesen Fällen aus meiner Praxis, die kurzzeitig lästig, aber genauso schnell auch geheilt sind, gibt es auch andere, die komplizierter sind, weil es nicht nur darum geht, den Körper zu kurieren, sondern weil im Kopf, in der Psyche des Patienten etwas falsch gepolt ist. Glücklicherweise kann aber auch hier die Medizin oft rasch etwas bewirken. Bei der Erektilen Dysfunktion zum Beispiel befindet sich der Patient ja in einer Spirale der Angst und des Versagens: Einmal klappt es nicht mit der Erektion, beim nächsten Mal denkt er an nichts anderes, sodass wieder nichts geht, schließlich findet er sich damit ab, nun »impotent« zu sein. Oft reicht hier schon ein kleiner medikamentöser Anstoß, ein Erfolgserlebnis, zum Beispiel durch Viagra, und der Patient ist in der Lage, die Spirale zu verlassen, die ihn gefangen hielt. Manchmal allerdings, auch solche Geschichten gibt es in diesem Buch, haben sich falsche Vorstellungen so festgesetzt im Kopf eines Menschen, dass sie nicht mehr mit einer Tablette herauszubekommen sind – dann schicke ich ihn oder sie, sofern sie das wollen, weiter zu einem Psychologen oder Psychotherapeuten; in vielen Fällen können diese Fachleute dann, manchmal auch als Begleitung meiner Therapie, helfen.

Nun wünsche ich den Lesern dieses Buches zweierlei: zum einen natürlich Vergnügen und Unterhaltung bei den Einblicken in die manchmal skurrilen Abgründe der menschlichen Sexualität. Zum anderen aber: Erkenntnis, Selbsterkenntnis am besten darüber, wie unsere Sexualität funktioniert, wie sie uns antreibt und hindert, was wir besser machen können und was wir besser nicht mehr machen sollten. Verboten ist sowieso (fast) nichts, sofern nur ein jeder Hans zu dem, was er will, die passende Grete findet.

RING OF PAIN

Ein stolzer Mann, ein starker Mann, ein Südländer – ein Spanier saß da mitten in der Nacht vor mir in der Ambulanz jener Klinik, in der ich damals arbeitete. Sein Blick allerdings war gerade dabei, von der Verzweiflung in die Panik zu kippen. Der Grund dafür war etwas tiefer an seinem Körper zu finden: ein glänzendes Ding aus zwei Millimeter dickem, solidem Stahl.

Der Spanier lebte mit Frau und Kind in Österreich, aber er kam viel herum als Kundendienst-Mechaniker einer Firma für Klimaanlagen. Dabei hatte er sich vor einiger Zeit in München ein Gspusi zugelegt. Die Liebschaft war zwar irgendwann eingeschlafen, aber jetzt hatte sie ihn angerufen, ob er nicht mal wieder vorbeikommen wolle, wenn er in der Stadt sei. Er erinnerte sich an den großartigen Sex, den er mit ihr gehabt hatte, und sagte zu.

Als er eintraf, hatte sie schon alles arrangiert: Kerzen, Prosecco, ein wenig Antipasti. Dass Alkohol nicht gerade potenzfördernd ist, daran dachte er nicht, und dass für Essen das Gleiche gilt, wusste er nicht: Wenn der Mensch mit der Verdauung beschäftigt ist, braucht er das Blut im Darm und hat nichts davon für andere Körperteile übrig. Trotzdem ging alles den Gang, den es gehen sollte, die Frau wurde »touchy«, und irgendwann wollte sie ihm an die Hose – jedoch nur um festzustellen, dass sich da leider nichts rührte: tote Hose im wahrsten Sinne des Wortes.

Diese peinliche Situation gerade beim ersten Mal kommt so häufig vor, dass die Wissenschaft sogar einen eigenen Begriff dafür geprägt hat – man spricht vom »First-Night-Effekt«, und der soll angeblich in 80 Prozent der Fälle für Enttäuschung statt Ekstase verantwortlich sein. Der Grund liegt meistens in viel zu hohen Ansprüchen des Mannes an die Situation und an sich selbst. Dann bemerkt er, dass das nicht so funktioniert, wie er sich's vorgestellt hat, und schon geht sie los, die Spirale aus Angst und Versagen und Versagen und Angst …

Völlig falsch wäre es in dieser Situation, mit der Frau anzufangen zu diskutieren, sich zu entschuldigen und zerknirscht auf der Bettkante zu sitzen. Viel gescheiter: Der Mann könnte sich daran erinnern, dass es ja durchaus noch andere Methoden gibt, eine Frau zu befriedigen. Er wird in der überwiegenden Zahl der Fälle sehr viel später in der Nacht mit einer gewaltigen Erektion aufwachen, weil die Libido und die Lust ja nur verschüttet waren unter Nervosität und Angst – und die Frau wird sicher nichts dagegen haben, aufgeweckt zu werden von dem feurigen Liebhaber, auf den sie zuvor schon gehofft hatte.

Das alles wusste unser stolzer Spanier nicht. Er erinnerte sich aber an einen Freund, der ihm einige Zeit zuvor von einem sexuellen Erlebnis erzählt hatte, das durch die Verwendung eines Penisringes unvergesslich geworden war. Ein

Penisring ist ein Accessoire zumeist aus Kautschuk, das an die Peniswurzel geschoben wird. Dort verhindert es, dass das Blut in den Schwellkörpern zu schnell wieder abfließt. Die Folge ist eine sehr viel länger andauernde und meistens auch härtere Erektion.

Nur: Wo ein solches Ding herbekommen mitten in der Nacht? Dem Mann fiel ein, dass er ja Handwerker war, er ging zu seinem Auto, um nachzuschauen, ob er dort nichts habe, was den gleichen Dienst erfüllen konnte. Er fand eine Schraubmuffe, wie sie zum Verbinden von Rohren verwendet wird – sie schien ihm geeignet. Die Geliebte war zunächst wohl ein bisschen irritiert, aber als sie sah, dass das Hilfsmittel offenbar seinen Zweck erfüllte, da war es ihr dann doch recht.

Nun also konnte geschehen, was den ganzen Abend schon hatte geschehen sollen, und es geschah. Es geschah auch noch ein zweites Mal, aber da bemerkte der Mann schon, dass er Schmerzen hatte, er kam auch nicht mehr zum Orgasmus, zudem bekam sein Penis eine unnatürliche rote Farbe, und die Eichel wurde weich. Kurz gesagt: Als er sich des stählernen Dings entledigen wollte, ging es nicht mehr ab. Denn dass der Penis, der unerigiert leicht durch den Ring passte, nun einiges an Durchmesser zugelegt hatte, das hatte der Mann nicht bedacht.

Andere Gedanken machen. Kalt duschen. Vaseline. Nichts half – der Ring saß fest. Das ist weniger lustig, als es sich anhört: Eine »Priapismus« genannte Dauererektion ist nicht nur äußerst schmerzhaft, sie kann auch, wenn sie länger als vier Stunden andauert, zur Schädigung der Schwellkörper führen, weil diese mit venösem, also sauerstoffarmem Blut gefüllt sind und deshalb nicht ausreichend arterielles Blut nachfließen kann. Bleibende Impotenz ist die Folge.

Der Spanier hatte zwei Stunden lang in Heimarbeit versucht, seinen Penis zu befreien. Dann endlich machte er sich auf den Weg in die Klinik, und die Angst um sein bestes Stück stand ihm ins Gesicht geschrieben. In solchen Fällen habe ich ein abgestuftes Behandlungsmodell zur Verfügung. Zunächst einmal versuchte ich – nachdem ich mich überzeugt hatte, dass alle manuellen Versuche aussichtslos waren – eine Punktion des Penis. Das heißt: Mittels einer Spritze zog ich dreimal 20 Milliliter Blut ab. Das nützte jedoch überhaupt nichts, wahrscheinlich weil mehr Blut nachfloss, als ich abziehen konnte. Der nächste Schritt war die Injektion eines sympathomimetischen Medikaments. Das bewirkt eine Verengung der Arterien, sodass die Blutzufuhr vermindert wird. Allerdings ist diese Therapie nicht ganz ungefährlich, denn durch die engeren Adern steigt der Blutdruck, er muss also genau beobachtet werden.

Aber auch das half nicht – der Penis blieb geschwollen und schaute wirklich nicht mehr appetitlich aus. Nun war guter Rat teuer, noch dazu, weil wir uns schon bedenklich jenen vier Stunden näherten, nach denen ernsthafte Schädigungen zu befürchten waren. Alle Zangen, Winkelschleifer und anderes Gerät, das in einer solchen Ambulanz zur Verfügung steht, hatten wir ausprobiert, ohne Erfolg, denn es war nicht möglich, ohne weitergehende Verletzungsgefahr zwischen Ring und Penis einzudringen. Da fiel mir glücklicherweise ein, dass in der Klinik auch eine zahnärztliche Ambulanz angesiedelt war und dass Zahnärzte mit sehr viel feineren Instrumenten hantieren und darin auch geübt sind. Ich rief den Kollegen an und schilderte ihm den Fall. Seine Reaktion schwankte zunächst zwischen Belustigung und Skepsis, schließlich konnte ich ihn aber doch vom Ernst der Lage überzeugen, und er kam mit einem Diamantbohrer herüber.

Ich weiß nicht, wer von beiden nervöser war: der Mann, an dessen Penis sich der Zahnarzt nun mit einem Gerät zu schaffen machte, das einige 10.000-mal in der Minute rotierte – oder der Kollege selbst, der sich ja vorstellen konnte, was geschehen würde, wenn seine Hand anfangen würde zu zittern. Beide schwitzten, aber nach einigen Minuten war der Ring durchgefräst und konnte endlich entfernt werden.

Ganz knapp hatten wir die vier Stunden unterschritten, und ich kam mir ein bisschen vor wie James Bond, der die Bombe ja auch immer erst wenige Sekunden vor der Detonation entschärft. Dennoch wollte ich natürlich wissen, ob wir den Mann vor bleibenden Schäden bewahrt hatten, und bat ihn, mich doch zwei Wochen später anzurufen. Das tat er dann auch und meldete freudigst: Alles in Ordnung, sein Penis arbeite wie gewohnt. Nur seine Freundin in München, die wolle er nicht mehr besuchen – die Lust darauf sei ihm gründlich vergangen.

SO EIN HUND

Die Prostatavorsorge ist eine unkomplizierte Untersuchung, zu der sich jeder Mann spätestens ab dem 45. Lebensjahr einmal jährlich überwinden sollte: Der Arzt tastet mit dem Finger im After nach der Drüse (was deutlich weniger unangenehm ist, als es sich anhört) und kann bestenfalls schon dann Entwarnung geben, wenn er nämlich keine unnatürliche Vergrößerung oder Verhärtung feststellt. Sollte ihm doch etwas merkwürdig vorkommen, dann geben der Ultraschall, eine Urin- und eine Blutuntersuchung weiteren Aufschluss. Stellt sich dabei tatsächlich eine Erkrankung heraus, dann kann sie gut behandelt werden: Die gutartige Prostatavergrößerung betrifft eine ganze Menge Männer in fortgeschrittenem Alter; hier helfen Medikamente. Und wenn doch etwas Ernsteres vorliegt, dann ist es umso besser, je früher mit der Therapie begonnen wird.

Die Appelle zur regelmäßigen Vorsorgeuntersuchung hatte sich auch ein 42-jähriger Landwirt zu Herzen genommen und einen Termin in meiner Praxis vereinbart. Seine Prostata war so weit in Ordnung – mir war aber eine halbrunde gerötete Stelle an seinem Po aufgefallen, keine richtige Wunde, aber doch etwas, was da nicht hingehörte. Auf meine Frage wollte er mir keine richtige Antwort geben, nur dass er es beim Sex gelegentlich etwas heftiger möge. Dabei ließ ich es dann auch bewenden.

Zehn Tage später war er aber schon wieder da – und dieses Mal zeigte er eine behandlungsbedürftige Wunde vor, ähnlich der, die mir beim ersten Mal schon aufgefallen war, dieses Mal aber an einer ungleich sensibleren Stelle: zwischen After und Hodensack, am sogenannten Damm, also gefährlich nahe an dem Körperteil, das die meisten Männer für ihr wertvollstes halten. Jetzt wollte ich es doch genauer wissen, und schließlich rückte er mit der Sprache heraus.

Seit einiger Zeit hatte er eine Freundin, 38 Jahre alt, die nicht nur über alles verfügte, was er sich an einer Frau erträumte – Sex-Appeal, Intelligenz, Humor –, sondern auch noch einen Hund besaß, einen Jack-Russell-Terrier, der gemeinhin als kühn und furchtlos, freundlich mit ruhigem Selbstvertrauen beschrieben wird. Dieses Selbstvertrauen hatte jedoch einen Knacks erlitten, seit sein Frauchen mit dem Landwirt liiert war und deshalb weniger Zeit für den Hund hatte. Zuvor war er, was Haustiere für Frauen ja oft sind, Freund, Vertrauter, Lebensinhalt.

Nun aber gab es jenen Mann – und der Hund reagierte fast menschlich, nämlich mit Eifersucht. Besonders wenn das frischgebackene Paar Sex hatte, gewann wohl der Beschützerinstinkt im Hund die Übermacht, er knurrte und kläffte, und ihn aus dem Schlafzimmer auszusperren nützte gleich gar nichts – dann veranstaltete er einen Radau, von dem das ganze Haus aufzuwachen drohte. Erst wenn er wieder hereindurfte und sah, dass es seinem Frauchen offensichtlich gut ging, beruhigte er sich wieder.

Aber nicht für lange – als Mann und Frau nach einigen Tagen mal wieder taten, was Frischverliebte halt so tun, begann der Hund, zu knurren und zu bellen, schließlich attackierte er den Mann sogar. Der fand das, gelinde gesagt, sehr irritierend. Seine Freundin aber missdeutete seine unkoordinierten Bewegungen, mit denen er dem Hund zu entkommen versuchte, als große Leidenschaft und wand sich unter ihm vor Lust.

Nun ist der Mensch nicht dafür geschaffen, unter Stress Sex zu haben – wenn die Situation gefährlich wird, dann pumpt der Körper sein Blut in die Organe, die er zum Überleben braucht, und in die Muskeln, um sich wehren zu können, das ist ein Mechanismus, der seit der Steinzeit und wahrscheinlich noch früher funktioniert: Wenn der Säbelzahntiger angriff, hatte der Urmensch genügend Probleme am Hals, da konnte er nicht auch noch an Sex denken. Ein Jack Russell ist natürlich deutlich ungefährlicher als so ein antiker Tiger, aber der Reflex ist der gleiche: wildes Tier, kein Sex. Und so ging auch zunächst mal nichts mehr bei meinem Patienten.

Der rote Halbkreis an seinem Po, den ich bei seinem ersten Besuch entdeckt hatte, war also tatsächlich eine Bissspur. Nichts Schlimmes, geblutet hatte das nicht, der Hund hatte nur ein bisschen zugezwickt. Dann aber war es ein paar Tage später wieder zum Sex gekommen, und dieses Mal wollte der Hund seinem vermeintlichen Nebenbuhler deutlich zeigen, dass er nicht einverstanden war mit dem, was dieser mit seinem Frauchen veranstaltete.

Man muss sich das, den Schilderungen des Mannes gemäß, so vorstellen: Er lag auf der Frau, die altbekannte Missionarsstellung, der Hund tobte kläffend um sie herum, und sie versuchten, sich nicht stören zu lassen. Dann aber sprang er auf das Bett, zwischen die Beine des Mannes – und biss zu, dieses Mal wirklich heftig, bis aufs Blut. Das Merkwürdige dabei: In diesem Moment bekam der Mann, der sowieso schon kurz vor dem Ende war, den Orgasmus des Jahrhunderts.

Wie lässt sich das erklären? Nun, zum einen ist der Damm auch beim Mann eine äußerst empfindliche erogene Zone – wer das noch nicht entdeckt hat, soll doch einmal selbst oder mit Hilfe der Partnerin experimentieren, welche Gefühle sich dort erzeugen lassen. Zum anderen liegen Schmerz und Lust sehr nahe beieinander, bedingen einander sogar teilweise. Gehirnforscher haben für ein Experiment eine Anordnung gebaut, durch die eine Laborratte ihr Lustzentrum im Gehirn, den Hypothalamus, stimulieren und dadurch Lust empfinden konnte. Die Ratte drückte bis zu 500-mal in einer Stunde auf die Taste – sogar dann noch, als sie jedes Mal auch einen Stromschlag erhielt, ihr also Schmerzen zugefügt wurden. Und man muss kein Sadomaso-Anhänger sein, um den Schilderungen über unglaubliche Lustgefühle, ausgelöst durch Schmerz, Glauben zu schenken.

Kein Wunder also, dass der Landwirt beim Biss des Hundes glaubte, die Engel singen zu hören. Als er mir fertig vorgeschwärmt hatte, fragte ich ihn vorsichtshalber nach seinen Impfungen – auch wenn ein verwöhntes Schoßhündchen wahrscheinlich eher nicht an Tollwut erkrankt ist. Die Versorgung der Wunde machte auch keine Probleme, er hätte das eigentlich auch selber machen können, wenn er denn herangekommen wäre.

Wie es weiterging mit Frau und Hund, erzählte er mir ein paar Wochen später am Telefon. Er hatte abgewägt zwischen der Freundin und was er an ihr hatte – und der Sorge um seine körperliche Unversehrtheit. Als Ergebnis hatte er der Frau ein Ultimatum gestellt, das sich kurz zusammenfassen lässt: der Hund oder ich! Die Frau hat sich dann nach kurzem Überlegen für den Hund entschieden und sich von ihm getrennt.

ÜBERS NETZ GEGANGEN

Damit könnte ein Arzt reich werden: wenn er wüsste, wie man die Alterung des Mannes aufhalten könnte, den Verlust der Haare und der Muskeln, vor allem aber der Potenz und der Zeugungsfähigkeit. Natürlich gibt es Beispiele für Männer, die im hohen Alter noch Väter wurden – Charlie Chaplin, Pablo Picasso, Franz Beckenbauer. Aber ab 40 Jahren nimmt bei der Mehrheit die Produktion von Testosteron ab, um durchschnittlich ein Prozent pro Jahr, und das führt im schlechtesten Fall zu Schlaflosigkeit und Antriebsschwäche, zum Verlust der Libido und der Erektionsfähigkeit. Der Mediziner rät den Männern, mehr Sport zu treiben und mehr Sex zu haben, das bremst den Verlust an Testosteron. Stress hingegen verstärkt ihn.

Der Patient war 46 Jahre alt, seit 13 Jahren verheiratet, keine Kinder. Seine Symptome waren exakt die oben beschriebenen und deuteten auf ein hypogonadales Problem hin, also auf Testosteronmangel, und zwar in einem Ausmaß, das ein medikamentöses Eingreifen erforderlich machte. Man verschreibt in diesem Fall ein Gel, damit reibt sich der Patient den Unterbauch ein und nimmt so das fehlende Hormon über die Haut auf. Der Mann versprach, sich an meine Anweisungen zu halten, und eilte schnurstracks mit dem Rezept in die nächstgelegene Apotheke.

Vier Wochen später kam er zur Nachuntersuchung. Die Beschwerden seien größtenteils zurückgegangen, berichtete er – bis auf die Lustlosigkeit. Das sei aber nicht so das Problem, sagte er zerknirscht, seine Frau begehre ihn sowieso nicht mehr, betrügen wolle er sie nicht, also stelle er eben seine sexuellen Wünsche zurück. Das kam mir komisch vor, denn glücklich wirkte er dabei nicht.

Ob er mir nicht mal seine Frau vorbeischicken wolle, schlug ich vor, und er meinte, er könne sie ja mal fragen. Und tatsächlich: Eine Woche später saß sie vor mir, 38 Jahre alt, Arzthelferin, keine Schönheit, aber auch nicht hässlich und körperlich gut in Form. Seit zwei Jahren habe sie keine Lust mehr, mit ihrem Mann zu schlafen, fing sie gleich an, lieber gehe sie mit ihren Freundinnen zum Tennis oder in die Sauna. Ich fragte sie, ob sie den Sex denn nicht vermisse? »Nein«, antwortete sie, und ich glaubte, ein leichtes Zögern in ihrer Stimme zu hören. Ob es einen anderen Mann gebe, fragte ich weiter, sie verneinte erneut, wieder mit einem Zögern. Dann schaute sie mir in die Augen, nahm offensichtlich allen Mut zusammen und sagte: »Es muss ja kein Mann sein.« Ich schaute wohl etwas verdutzt, aber sie erzählte weiter, jetzt ohne Zögern.

Unter ihren Tennisfreundinnen war eine, die sie besonders ins Herz geschlossen hatte. Eines Tages gingen die beiden nach einem Match wie üblich in die Sauna – und dort geschah es dann. Sie wollte nicht sagen, ob sie verführt worden sei oder selbst verführte, auf jeden Fall ließ sie sich darauf ein, und es war »schön und erfüllend«. Nein, sie habe kein schlechtes Gewissen, von ihrem Mann trennen wolle sie sich eigentlich auch nicht, er sei gut zu ihr, in gewissem Sinne liebe sie ihn auch immer noch. Sie habe sogar auf sein Drängen hin sein Testosterongel an sich ausprobiert, obwohl es sie eigentlich nicht interessierte, wie und warum er sich behandeln lasse. Acht Tage lang trug sie das Gel auf, allein: Ihr Mann hatte nichts davon, die Lust auf ihn kehrte nicht zurück. Allerdings war sie plötzlich im Tennis besser und leistungsstärker und vor allem: über alle Maßen scharf auf ihre Freundin.

Als Arzt kann man zu einer solchen Geschichte wenig bis nichts sagen – als Mann gab ich ihr dennoch einen Rat: Sie solle aufhören mit dem Versteckspiel, ihr Mann leide darunter und unter der Ungewissheit, auch wenn er versuche, es vor ihr zu verbergen. Eine Frau würde er sicher weniger als Konkurrenz betrachten als einen anderen Mann, und vielleicht ließe sich ja ein Arrangement finden, mit dem alle leben konnten. Das schien ihr einzuleuchten, sie verabschiedete sich nachdenklich, aber zuversichtlich.

Ein halbes Jahr später traf ich den Mann zufällig auf der Straße und fragte, wie's ihm denn gehe. Er rückte gleich mit der ganzen Geschichte heraus, dass seine Frau ihm von ihrer lesbischen Beziehung erzählt habe; er sei zunächst wie vor den Kopf gestoßen gewesen, habe sich Vorwürfe gemacht und gedacht, es liege an ihm und seiner körperlichen Unzulänglichkeit. Nach kurzer Zeit aber habe er das Outing seiner Frau und die Klärung der Situation als befreiend empfunden, schließlich habe er sich von ihr getrennt. Und keine sechs Wochen nach der Trennung habe er eine neue Partnerin gefunden, mit der er jetzt sehr glücklich sei. Und ohne dass ich gefragt hätte, teilte er mir noch sichtlich stolz mit: Auch im Bett klappe es wieder hervorragend, das Testosterongel brauche er schon lange nicht mehr.

LIPPENROT

Gibt es etwas Langweiligeres und zugleich Unangenehmeres als das Wartezimmer einer Arztpraxis? Meistens sieht es doch so aus: ein paar durchgesessene Stühle, Zeitungen von vor einem Jahr und zwei dürre Grünpflanzen. Dazu noch die Ungewissheit, die Angst vor dem, was gleich kommen wird bei der Untersuchung. Natürlich versuchen viele Ärzte, so auch ich, erstens die Wartezeiten insgesamt zu verkürzen und sie, wenn es schon nicht anders geht, wenigstens so angenehm wie möglich zu gestalten. Dennoch bleibt es eine Tatsache: Warten auf den Arzttermin ist eine der nervigsten Angelegenheiten überhaupt.

Außer, es kommt zufällig eine so nette Gruppe zusammen wie in den schweren Ledersofas vor meinem Untersuchungszimmer: zwei Männer, einer Anfang 20, der andere um die 40, deren Untersuchung eigentlich schon beendet war, die aber noch auf ihre Laborergebnisse warteten. Und zwei junge Frauen, ausgesprochen hübsch und frisch, 24 Jahre vielleicht. Die beiden Freundinnen waren zuvor zusammen schwimmen gewesen, und nun hatte die eine die andere zu ihrem Termin bei mir begleitet. Draußen schien die Sonne, und so trugen die beiden kurze Röckchen und darüber dünne Trägershirts mit viel Haut darunter, die appetitlich braun war und noch warm vom Baden.

Natürlich bin ich ein Mann, und natürlich registriere ich auch als Arzt, wenn mir da jemand Ansehnlicher gegenübersitzt. Aber so weit, dass sexuelles Interesse durchkäme oder auch nur die Lust auf einen Flirt, so weit geht es nie – dem steht immer die Professionalität entgegen. Ich erinnere mich an meine Studienzeit, als ich während der Semesterferien sechs Wochen als Pfleger in einem Krankenhaus arbeitete – da kam ich einmal in den EKG-Raum, und auf den Liegen dort lagen zwei junge, schöne Frauen mit entblößtem Oberkörper. Ich war Anfang 20, also eigentlich auf dem Höhepunkt meiner sexuellen Leistungsfähigkeit. Aber es tat sich: nichts. Ich war ernsthaft besorgt, ob denn meine Potenz flöten gegangen war, bis mir ein älterer Kollege erklärte, dass das ganz normal sei und sogar ein wichtiger Schritt auf dem Weg zum Arzt.

Die beiden Männer im Wartebereich meiner Praxis kannten solche professionelle Zurückhaltung nicht, wozu auch, und das Gespräch zwischen ihnen war so angeregt und lustig, dass ich es durch die geschlossene Tür bis zu meinem Schreibtisch hörte. Als ich hinausging, um die Patientin hereinzurufen, sah ich zunächst die lustige Runde – und dann den Grund dafür, dass den beiden Männern fast die Augen aus dem Kopf fielen: Die Frau beugte sich vor, um ihre Zeitung auf den Stapel zurückzulegen, und zeigte dabei mehr als offen, dass sie unter ihrem Minirock keinen Slip trug.

Ich bemerkte das, aber, wie gesagt, als die Untersuchung begann, war das auch schon wieder vergessen. Die Patientin beklagte eine Allerweltserkrankung, eine der häufigsten

Diagnosen in der urologischen Praxis überhaupt: eine Harnwegsinfektion. Und zwar, so sagte sie, sei sie seit fünf Wochen frisch verliebt, und nun das, das könne sie gerade überhaupt nicht brauchen.

Der Arzt denkt in einem solchen Fall an zwei Dinge: zunächst an den neuen Freund als Überträger der Infektion, sodass ich immer rate, er solle sich doch auch mal untersuchen lassen. Wenn die Erreger auf seinem Penis sitzen – und sie können das, ohne dass er etwas davon bemerkt –, dann steckt er seine Freundin bei jedem Geschlechtsverkehr von Neuem an. Der zweite mögliche Befund, der mir durch den Kopf schoss, war der mit dem fast schon romantischen Namen »Honeymoon-Zystitis«.

Der lateinische Fachbegriff meint nichts anderes als »Entzündung« – so weit, so unsexy. Diese in Zusammenhang mit den Flitterwochen zu bringen hat mit der Neigung vieler Neuverheirateter und Frischverliebter zu tun, möglichst oft miteinander zu schlafen. Dadurch werden mit der Zeit die mehr oder weniger frei liegenden Schleimhäute im Schambereich der Frau gereizt, so wie ja auch die Augen rot werden, wenn man sie ständig reibt. Das einzig Schlimme an der Flitterwochenentzündung ist, dass die Turteltäubchen am besten für einige Zeit auf Sex verzichten sollten, bis sich da unten alles wieder beruhigt hat. Ich gebe zu, dass das eine schlimmere Strafe sein kann als die bitterste Medizin.

Nun wollte ich mir anschauen, was bei meiner Patientin denn los war. Ohne mir etwas anmerken zu lassen, bat ich sie, sich unten frei zu machen, und versuchte, möglichst überrascht zu schauen, als sie nur ihren Rock lüpfen musste. Sie nahm auf der Untersuchungsliege Platz und hob die Beine an. Was ich nun sah, hatte mit einer Entzündung allerdings nichts zu tun.

Die Schamlippen waren prall geschwollen, von einem fast schon dunklen Rot und eindeutig feucht – das war keine Entzündung, die Frau war erregt. Ich fragte sie, ob sie vielleicht gerade an ihren Freund denke. Das war ihr offensichtlich peinlich wahrscheinlich nur zu vergleichen mit einem Mann, der im Schwimmbad unter der Badehose plötzlich eine Erektion bekommt. Nebenbei gesagt, bin ich in solchen Momenten immer froh, dass bei den Untersuchungen immer eine meiner Assistentinnen dabei ist, die im Ernstfall bezeugen könnte, dass ich nur meinen Job gemacht habe und sonst nichts.

Mit hochrotem Kopf fing sie an zu erzählen: Sie war mit ihrem Freund am Vormittag im Englischen Garten gewesen. Die Sonne schien und trug ebenso zur Ankurbelung der Hormonproduktion bei wie ihre Verliebtheit, jedenfalls: Der Freund wurde unwahrscheinlich scharf auf sie und schlug den Weg nach Hause ein. Dort angekommen, merkte die Frau aber, dass ihr gar nicht so recht nach Sex war. Das wollte der Mann nicht akzeptieren und meinte, er habe da was: ein ganz spezielles Gel.

Ich hatte gleich einen Verdacht, holte eine Tube aus meinem Medizinschrank und fragte die Patientin, ob das Gel ihres Freundes so ausgesehen habe, was sie bestätigte. Es war ein Testosterongel, das eingesetzt wird, wenn es Männern an diesem Hormon mangelt, was zu Libidoabnahme, Potenzstörungen, Antriebslosigkeit, Müdigkeit und Schweißausbrüchen führen kann. Außermedizinisch gibt es Leute, die damit zum Beispiel nach einem langen Flug den Jetlag bekämpfen oder die sich davon eine Verbesserung ihrer sexuellen Performance versprechen – bei Männern, wohlgemerkt: Sie verreiben das Gel auf dem Bauch, von wo das Hormon ins Blut sickert. Auf keinen Fall soll die Arznei direkt auf den Penis aufgetragen werden, aus gutem Grund.

Denn das Gel enthält Alkohol, unter anderem als Konservierungsmittel. Deshalb sollte es auch nur äußerlich angewendet werden, und äußerlich bedeutet auch: nicht auf Schleimhäuten. Der junge Mann aber hatte sein Wundermittel bei seiner Freundin direkt auf die Schamlippen aufgetragen, was nicht nur höllisch brennt, sondern auch die Durchblutung anregt – und deshalb schaute die Vagina der Frau aus, als sei sie hochgradig erregt. Dazu kommt, dass bei Frauen, so sie überhaupt Testosteron benötigen, schon viel geringere Mengen einen Effekt bewirken: Da reicht schon ein Zehntel der Menge, die ein Mann benötigen würde. Weil der feurige Liebhaber es aber offensichtlich gut gemeint hatte und nach dem Prinzip »Viel hilft viel« verfahren war, war die Reaktion bei seiner Freundin entsprechend heftig und würde wohl auch sehr viel länger anhalten. Nebenbei war er auch in finanziellem Sinn verschwenderisch mit dem Gel umgegangen – es ist nämlich ganz schön teuer, und wenn er es, was ich vermute, nicht legal vom Arzt verschrieben bekommen hat, dann hat er wahrscheinlich noch mehr dafür bezahlt als die rund 60 Euro, die eine Monatspackung in der Apotheke kostet.

Nun, da die Geschichte raus war, erklärte die Frau mir auch, warum sie keinen Slip trug: Er hatte an den gereizten Schamlippen gerieben und wehgetan – deshalb hatte sie ihn ausgezogen. Erleichtert war sie über meine Einschätzung, dass das von selber wieder weggehen würde und höchstens nicht zu warmes Duschen die Sache beschleunigen könnte. Wenn sie das Wundermittel ihres Freundes wieder einmal testen wolle, so riet ich ihr, dann solle sie es doch in einer geringeren Menge auf den Bauch auftragen. Dann dauert's zwar ein bisschen länger, bis es wirkt, dafür jedoch ohne Schmerzen.

Wir waren fertig. Draußen im Wartezimmer saß immer noch die Freundin, die beiden Männer hatten sich verzogen. Ich dachte bei mir: Vielleicht wäre es weniger enervierend, auf den Arzt zu warten, wenn man wüsste, was drinnen bei der Untersuchung oft für Geschichten erzählt werden.

DIE NORWEGISCHE ENTSPANNUNG

Die Ausbildung zum Arzt dauert lange und ist schwierig – was ja aber auch ganz richtig ist; wer möchte schon von jemandem untersucht und behandelt werden, der von dem, was er tut, nur so ungefähr eine Ahnung hat. Nach allen Vorlesungen und Übungen, Lernen, Memorieren und Geprüftwerden kommt aber für jeden angehenden Arzt der Moment, in dem er zum ersten Mal das Gelernte am lebenden Objekt anwendet, in dem er einen Menschen vor sich hat, der vielleicht Schmerzen hat und Angst, auf jeden Fall aber nicht zum Vergnügen da ist und großes Vertrauen in sein Gegenüber setzt – er möchte ja wieder gesund werden. Der junge Mediziner wird nicht anders können, als nervös zu sein, aber natürlich versuchen, den Patienten das nicht spüren zu lassen: Ein unsicherer Arzt, damit will kein Kranker etwas zu tun haben. Damit aber die Studenten sich langsam an ihre Tätigkeit gewöhnen können, ist es notwendig, dass sie die wichtigsten Handgriffe und Techniken zunächst unter Anleitung eines erfahrenen Arztes ausprobieren können.

In der Klinik, in der ich damals arbeitete, hatten wir für mehrere Monate zwei junge Frauen aus Norwegen als Praktikantinnen, Medizinstudentinnen, die bei uns ihre ersten praktischen Erfahrungen sammeln sollten. Sie schauten beide aus wie dem Prospekt »Urlaub in Skandinavien« entstiegen: groß, schlank, blond, beide 24 Jahre alt. Tagsüber halfen sie in der Ambulanz, wo sich ihnen aber wenig Gelegenheit bot, selbst Hand anzulegen – da muss es schnell und zackig gehen, denn draußen im Wartebereich sitzen schon die nächsten Patienten. Deshalb ließen sie sich gerne zum Nachtdienst einteilen, da war weniger los, mehr Zeit für den Kranken, und so konnten sie, unter Aufsicht natürlich, selbst erste Untersuchungen durchführen.

An jenem Abend hatte ich Dienst mit Annika, einer der beiden Norwegerinnen, als gegen 23 Uhr ein Mann hereinkam, der zur Behebung seines Problems eigentlich nicht den Nachtdienst in Anspruch hätte nehmen müssen. Ein Portugiese, 56 Jahre alt, seit sieben Jahren verheiratet mit einer Frau, die 18 Jahre jünger war als er. Er erzählte, dass es daheim wieder einmal Streit gegeben habe, weil seine Frau ein Kind wollte. Er hätte dagegen eigentlich auch nichts gehabt, allein: Er konnte nicht. Seit fünf Jahren schon habe er keine richtige Erektion mehr bekommen, berichtete er betrübt, der letzte Orgasmus mit Ejakulation liege bereits zwölf Jahre zurück. Ich verstand die Dringlichkeit des Problems und bat ihn ins Untersuchungszimmer.

Vor allen Labor- und Geräteuntersuchungen verlässt sich der Arzt zunächst einmal auf seine Augen und auf seine Hände. Im Fall des Portugiesen schaute ich mir zunächst seine Hoden an und tastete seine Prostata – wenn dort etwas nicht der Norm entsprach, konnte das auf ein hormonelles Problem hinweisen. Annika stand neben mir, schaute interessiert zu und bemerkte schließlich, dass sie das noch nie gemacht habe, eine Prostata tasten. Ich verstand die Bemerkung so, wie sie gemeint war, nämlich als Bitte, und fragte den Patienten, ob er etwas dagegen hätte, wenn die Medizinstudentin ihn auch noch untersuchen würde. Hatte er nicht.

Annika zog den Gummihandschuh an, rieb den Zeigefinger mit Vaseline ein und führte ihn dann in den After des Mannes ein, der mit dem Rücken zu ihr auf einer Liege lag. Die Prostata ist im Enddarm fühlbar; in gesundem Zustand ist sie etwa walnussgroß und von einer Rille in zwei Hälften geteilt. Entgegen landläufiger Meinung benutzt der Arzt zur Untersuchung nicht den Mittelfinger; der Zeigefinger ist sensibler und beweglicher. Für Annika war es wohl eine Sensation, jetzt zum ersten Mal zu fühlen, was sie sonst nur aus Abbildungen in Lehrbüchern kannte. Jedenfalls beschäftigte sie sich ausgiebig mit der Drüse und drückte wohl auch ein bisschen fester darauf herum, als ein erfahrener Arzt das für nötig empfunden hätte.

Gut 30 Sekunden bearbeitete die junge Frau also schon den Patienten, als ich plötzlich bemerkte, dass der seine zunächst angewinkelten Beine streckte und seinen Schließmuskel anspannte. Ich schaute ihn mir genauer an und bemerkte zweierlei: ein seliges Lächeln auf seinem Gesicht – und eine schöne Portion Sperma auf unserer Liege. Das Drücken, Reiben und Tasten an seiner Prostata hatte ihn so erregt, dass er einen kräftigen Samenerguss erlebt hatte. Als Annika sah, was sie zustande gebracht hatte, wurde sie feuerrot unter ihrem blonden Schopf und lief aus dem Zimmer. Dem Patienten war die Situation zwar auch etwas unangenehm, andererseits hatte er schlagartig beste Laune, wie sie sich eben nach tiefer Befriedigung einstellt.

Den vereinbarten weiteren Untersuchungstermin ließ er verstreichen. Sieben Wochen später jedoch kam er mit seiner Frau in die Klinik, bedankte sich und erzählte freudestrahlend, dass sie ein Kind erwarteten: Das Erlebnis in der Nachtambulanz hatte ihn so nachhaltig beeindruckt, dass er noch zwei Tage lang davon zehren konnte, in dieser Zeit hatten er und seine Frau ihr lang ersehntes Baby gezeugt. Für mich zeigte sich da wieder einmal, wie eng Körper und Psyche verknüpft sind: Allein die Erfahrung, dass er in der Lage war, einen Orgasmus zu bekommen, entspannte ihn so, dass er nun auch wieder erfolgreich mit seiner Frau verkehren konnte. Welche Rolle dabei die Fantasie gespielt hatte, ob er also mehr seine Frau oder mehr die blonde, junge, gut aussehende Medizinpraktikantin vor Augen gehabt hatte – spielt das eine Rolle? Er hatte mit seiner Frau geschlafen, ein Kind gezeugt und so vielleicht seine Ehe gerettet, das ist, was zählt. Annika allerdings wollte von der frohen Nachricht nichts wissen und ihren ersten Patienten auch nicht sehen. Zum Nachtdienst ließ sie sich erst lange Zeit später wieder einteilen.

RASTA-ERFAHRUNG

Manchmal helfen dem Arzt all seine Studien, seine schlauen Bücher und seine Erfahrung nichts – wenn das Krankheits- oder Störungsbild eines Patienten unklar ist, wenn die Beschwerden verschiedene Ursachen haben können, wenn vielleicht die Psyche mit hineinspielt, die ja mit Medikamenten nur recht schwer zu erreichen ist, sieht man einmal von Depressionen und ihren teils recht gut erforschten biochemischen Verursachern ab. In einem solchen Fall hilft meistens nichts anderes, als dieses oder jenes zu versuchen und zu hoffen, dass eine der Therapien anschlägt und weitere Hinweise auf tiefer liegende Gründe gibt. Und weil Ärzte wie viele andere Berufsgruppen auch in ihrem eigenen Slang sprechen, nennen sie eine solche Behandlung gelehrt »probatorisch« – was nichts anderes bedeutet als: Ich versuche jetzt mal was, keine Ahnung, ob's hinhaut.

Die Beschwerden, mit denen der Patient zu mir kam, waren nicht so unüblich für einen Mann seines Alters 48 Jahre, seit 15 Jahren verheiratet – nun hatte die Lust nachgelassen und die Potenz auch. Ihn selber störte der Zustand nicht einmal so sehr, aber seine Frau verlangte ihr Recht, sie hatte ihn zu mir geschickt. Sein Testosteronspiegel war recht niedrig, also verschrieb ich ihm »probatorisch« ein Hormonpräparat. Das nutzte jedoch nichts, wie er mir bei seinem nächsten Besuch betrübt erzählte. Also gab es als Nächstes Viagra: Wenn er erst einmal wieder mit seiner Frau geschlafen hatte, so meine Überlegung, würde er vielleicht erneut auf den Geschmack kommen, regelmäßiger Sex könnte den Testosteronspiegel und somit auch seine Lust erhöhen.

Es half ein bisschen. Einen Monat hatte er bei Bedarf tapfer seine blauen Pillen geschluckt, auch Sex gehabt mit seiner Frau. Der grundsätzlichen Lustlosigkeit hatte das jedoch nicht abgeholfen. Er betonte ein weiteres Mal, dass es ihm sowieso eher egal sei, aber wegen seiner Frau sei er traurig. Die beiden waren allerdings auch, so weit reichte meine Menschenkenntnis schon, ein rechtes Spießerpärchen – dass sie plötzlich beginnen würden, sich abends vor der Tagesschau die Kleider vom Leib zu reißen, war eher nicht zu erwarten. Bevor er sich verabschiedete, erzählte mir der Mann noch, dass sie am nächsten Tag in den Urlaub fliegen würden, zwei Wochen Jamaika, und Spießer hin, Erektionsstörungen her – da war ich doch ein bisschen neidisch.

Drei Monate dauerte es, bis ich den Mann wieder zu sehen bekam. Allerdings schneite er nur herein, um mir zu berichten, dass jetzt wieder alles toll sei mit seiner Frau, der Sex fantastisch, die Laune prächtig, noch nie sei er so dankbar für einen Urlaub gewesen. Das interessierte mich dann doch, und ich bat ihn in mein Sprechzimmer.

Zunächst schwärmte er von der Reggae-Insel, den weißen Stränden, den Palmen und immer fröhlichen Menschen. Das sei genau das Richtige gewesen, einfach mal raus aus allem, Sonne tanken, kein Stress mehr.

Aber wie sich das denn auf das Sexualleben ausgewirkt habe, wollte ich wissen? Dazu müsse er mir eine Geschichte erzählen, erklärte er.

Sie hatten natürlich andere Touristen kennengelernt, Deutsche auch, und eines Tages hatten er und zwei der Männer beschlossen, einen Ausflug zu machen, mit einem Jeep, ohne Frauen. Es muss eine rechte Gaudi gewesen sein und fast ein Abenteuer, es habe zu regnen begonnen – wie in der Karibik üblich nur kurz, aber ausgesprochen heftig. Weil der Jeep kein Verdeck hatte, beschlossen sie, die Tour abzubrechen und ins Hotel zurückzukehren. So kam es, dass er einige Stunden früher als geplant die Tür zu seinem Zimmer öffnete.

Was er dort sah, damit hatte er allerdings am allerwenigsten gerechnet: seine Frau auf dem Bett, hinter ihr ein riesengroßer Einheimischer, der sie gerade von hinten nahm. Mein Patient war so verblüfft, dass er als Erstes die Tür wieder zuschmiss. Dann aber stellte er fest, dass er überhaupt nicht sauer war, auch nicht eifersüchtig – neugierig war er. Also öffnete er die Zimmertür wieder und trat ein. Seine Frau brachte – zwischen zwei Stößen des muskulösen Jamaikaners – den dümmsten aller Sätze in einer solchen Situation heraus: »Es ist nicht so, wie es ausschaut.« Aber natürlich war es so: Sie hatte sich während seiner Abwesenheit einen jener Beachboys geholt, die am Strand auf sexwillige Frauen warteten, denen sie dann gegen Geld zu Diensten waren. Die Frau war natürlich gehörig erschrocken, er aber befahl ihr: »Mach weiter!« Er war mittlerweile so erregt, dass er anfing zu masturbieren, es ging flott, leicht und schnell, und als er fertig war, drängte er den Beachboy zur Seite und fiel selbst über seine Frau her – keine Spur mehr von Erektionsproblemen.

So kann's gehen. Das Bild seiner Frau mit einem anderen Mann hatte komischerweise sein Mannsein wieder erweckt – und zwar nicht nur im körperlichen Sinn: »Ich hatte zum ersten Mal seit Langem wieder das Gefühl, dass ich hier der Chef bin«, sagte er. Dazu gehörte auch, dass er hinterher den Einheimischen bezahlte, die am besten angelegten 100 Dollar seines Lebens. Was zu vermuten gewesen wäre, trat überhaupt nicht ein: dass er sauer war auf seine Frau, eifersüchtig, angeekelt womöglich. Im Gegenteil – er fand sie nun wieder attraktiv, anziehend und begehrenswert, auch als sie wieder zu Hause waren und kein breitschultriger Farbiger mehr zur Verfügung stand. Was soll ich sagen: Seine Probleme waren gelöst – durch eine Therapie, auf die kein Arzt mit noch so großer »probatorischer« Fantasie je gekommen wäre.

BISS ZUM BLUTERGUSS

Vor Jahren hatte ein bekannter Schlagerproduzent nichts Besseres zu tun, als per Boulevardpresse zu verkünden, was ihm des Nachts mit seiner Frau passiert war: Er habe zum »Endstoß« angesetzt, dabei sei sein bestes Stück rausgerutscht und gegen das Schambein der Frau gestoßen. Dann habe es »Knack« gemacht, und als er ins Bad lief, um das Malheur zu betrachten, sei alles voller Blut gewesen.

Dieses Missgeschick wird im Volksmund als Penisbruch bezeichnet. Allerdings kann der Penis im medizinischen Sinn nicht brechen – er hat ja keine Knochen. Was Dieter Bohlen passiert ist, heißt in der Fachsprache »Ruptur«. Dabei reißt die Haut, die die Schwellkörper im Penis umgibt. Das führt zu einem stechenden Schmerz und zu Blutfluss ins Unterhautgewebe. Der Arzt wird in einem solchen Fall zunächst mit einem Kontrastmittel röntgen, um festzustellen, wo der Riss sitzt, und ihn anschließend durch eine Operation wieder verschließen.

Ich weiß nicht, ob der Mann, der ganz früh am Morgen in die Praxis kam, die Zeitungen mit den großen Buchstaben liest. Jedenfalls war er sehr aufgeregt, es handle sich um einen Notfall, er müsse sofort drankommen. Die erste Untersuchung zeigte, dass er tatsächlich einen schönen Bluterguss am Penisschaft hatte. Das Röntgenbild gab aber Entwarnung: Da war nichts gerissen oder gebrochen, sodass ich ihn fragen konnte, was denn eigentlich passiert sei.

Ich hätte es eigentlich am Patienten-Erfassungsbogen sehen können: Der Mann hatte tags zuvor Geburtstag gehabt, den 40. Schon Monate vorher hatte er seiner Frau seinen größten Wunsch offenbart: Für sein Leben gerne würde er mal mit zwei Frauen ins Bett gehen, also mit ihr und noch einer. Wie nicht anders zu erwarten, war die Frau nicht gerade begeistert. Wochenlang wurde diskutiert – schließlich willigte sie doch ein, allerdings unter einer Bedingung: Auf keinen Fall dürfe die Dritte im Bunde eine Bekannte oder gar eine Freundin sein, das wäre ihr zu peinlich.

Es ist übrigens interessant, wie viele Männer davon träumen, sich mit zwei Frauen zu vergnügen. Zum einen hat das natürlich einen voyeuristischen Aspekt, zum anderen einen exhibitionistischen, zum Dritten geht es wohl auch um das männliche Selbstbewusstsein: Was muss ich für ein toller Hengst sein, wenn zwei Frauen gleichzeitig auf mich scharf sind! Wahrscheinlich ist deshalb bei heterosexuellen Männern das Verlangen nach der Konstellation Mann-Mann-Frau deutlich geringer ausgeprägt. Bei Frauen hingegen gibt es nur eine leichte Präferenz für die Beteiligung einer zweiten Frau. Ein zweiter Mann, das könnte vielleicht doch ein bisschen Zuviel der Dominanz sein. Und sowieso können sich mehr Frauen ein lesbisches Abenteuer zumindest vorstellen als Männer ein schwules.

Also: Unser Ehepaar hatte die Voraussetzungen geklärt, nun ging es nur noch darum, eine willige Frau herzubekommen. Aber auch für solche Probleme bietet die moderne Welt ja jede Menge Lösungen an – im Internet buchten die beiden nach längeren Erwägungen ein Callgirl für den Geburtstagsabend. Die Dame kam, und mit professionellem Gespür bemerkte sie sofort, dass sie die – immer noch skeptische – Ehefrau für sich gewinnen musste, wenn's schön werden sollte. Also kümmerte sie sich erst um sie, massierte ihr die Schultern, zog sie langsam aus. Auch als sie einen Striptease hinlegte, war der Mann nur Zuschauer. Dann führte sie die beiden ins Schlafzimmer – auch dabei ließ sie keinen Zweifel daran, dass sie bestimmen würde, wo es langging.

Auch im Schlafgemach wurde zunächst die Frau verwöhnt, die ihre anfängliche Skepsis mittlerweile fallen gelassen hatte und anfing, die Sache zu genießen. Zwischendrin wechselte die Liebesdienerin zwar mal zum Ehemann, streichelte ihn und demonstrierte, was sie alles mit ihren Lippen anzufangen wusste – aber bevor er sein Pulver verschossen hätte, wechselte sie wieder zu seiner Frau.

Die kannte jetzt kein Halten mehr: Geleckt zu werden von einer Frau, das war ganz neu, auf- und erregend. Der Mann hingegen war von der Entwicklung des Abends nicht mehr so richtig begeistert: Immerhin war er das Geburtstagkind, und nun sollte er nur zuschauen, wie es seine Frau mit einer anderen trieb und sich von Orgasmus zu Orgasmus jubelte. Das wollte er sich nicht mehr länger gefallen lassen – er trat näher, nahm in die Hände, was von seinen Lenden abstand, und wollte es seiner Frau in den Mund zwängen.

Die allerdings wollte sich gerade überhaupt nicht stören lassen. Ob es nun ein unwillkürlicher Reflex war oder Absicht, ließ sich nicht klären. Jedenfalls biss sie ihren Gatten kräftig in den erigierten Penis. Ein Schmerzensschrei – der Abend war gelaufen. Glücklicherweise blieb das Callgirl auch in dieser Situation absolut professionell: Sie schnappte sich den eisgefüllten Sektkübel, befeuchtete darin eine Serviette und kühlte den verletzten Männerstolz. Wäre sie Ärztin gewesen, hätte sie anhand eines einfachen Kennzeichens gleich feststellen können, dass der Penis nicht »gebrochen« war: Die Erektion ging nur langsam zurück, während sie bei einer Ruptur schlagartig verschwindet, weil das Blut ja plötzlich nicht mehr dort bleibt, wo es zur Aufrechterhaltung der Standfestigkeit gebraucht wird, sondern aus den Schwellkörpern in das Penisunterhautgewebe abfließt. Auch ohne das zu wissen, erkannte die Dame aber, dass ihr Job nun getan war, und verabschiedete sich.

Nach Geburtstagsfeier war dem Ehepaar nun natürlich auch nicht mehr zumute – beide gingen schlafen. Nach nur drei Stunden aber erwachte der Mann: Sein Penis schmerzte, er war geschwollen, und der Bluterguss war deutlich zu sehen. Noch waren alle Arztpraxen geschlossen, aber kaum dämmerte der Morgen, machte er sich auf den Weg, voller Schmerzen und voller Sorge um das Schicksal seines Luststabs. Die Sorge war nicht unberechtigt: Eine Ruptur kann, wenn sie unbehandelt bleibt, die Schwellkörper nachhaltig schädigen und zur Impotenz führen.

Diese Angst jedoch konnte ich ihm schnell nehmen – trotz des kräftigen Bisses seiner Frau war die Verletzung nur oberflächlich, ein blauer Fleck, mehr nicht, der mit der Zeit von selbst verschwinden würde. Ich riet ihm, das Glied hochzulagern und zu kühlen, und verschrieb Tabletten gegen die Schwellung. Kein Medikament allerdings gab es dagegen, dass er auf seine Frau richtig, richtig sauer war.

SCHAU MICH AN!

Wer dieses Buch bis hierhin gelesen hat, könnte den Eindruck gewinnen, dass hauptsächlich Männer zu mir kommen – und dass sie auch meistens »schuld« sind, wenn etwas nicht klappt in ihren sexuellen Beziehungen. Ersteres ist wahrscheinlich ein statistischer Zufall: Frauen haben ja für gewöhnlich ihren Gynäkologen und besprechen ihre Probleme, wenn nötig, wohl eher mit diesem. Und »Schuld« ist meiner Meinung nach sowieso keine Kategorie, mit der zwei Menschen untereinander operieren sollten. Es geht ja immer um ein System, und meistens hat jeder seinen Anteil daran, wenn etwas nicht so läuft, wie beide es sich wünschen.

Dem Arzt ist es am liebsten, wenn seine Patienten nicht schon mit vorgefertigten Meinungen und selbst gestellten Diagnosen in die Praxis kommen. Das Paar in meiner Sprechstunde war insofern vorbildlich – die Frau, 32 Jahre alt, geboren in Venezuela, beschrieb einfach nur ihr Problem: Obwohl sie ihren Mann liebe, gelinge es ihr nicht, bei ihm einen Orgasmus zu bekommen. Und das, obwohl beide körperlich gesund waren, dazu im besten Alter, und sie waren ausreichend lange zusammen, um die Vorlieben des anderen zu kennen. Er war außerdem ausreichend potent. Also musste die Lösung anderswo liegen. Ich fragte die Frau zunächst, ob sie denn beim Masturbieren den Höhepunkt erreiche. Ja, sagte sie, allerdings nur, wenn sie sich dabei eine ganz bestimmte Situation ausmale, nämlich dass jemand sie beobachte. Die beiden hatten dieses Setting auch schon real ausprobiert – dabei war es für sie unabdingbar, dass er ihr zwar zuschaute, selbst aber nicht Hand an sich legte.

Das war ein Ansatzpunkt. Nun mussten wir herausfinden, woher diese Fixierung kam. Ich fragte sie, ob sie sich an die Situation erinnern könne, in der diese Fantasie zum ersten Mal hilfreich war. Nach einigem Überlegen sagte sie, das sei damals keine Fantasie gewesen, sondern sehr real.

Einige Jahre zuvor, sie lebte noch in ihrer Heimat, hatte sie mit zwei Freundinnen eine Kreuzfahrt durch die Karibik gebucht. Die drei Mädels waren alle Ende 20 und Singles; sie hatten sich vorgenommen, es so richtig krachen zu lassen, in jeder Beziehung. Umso enttäuschter waren sie, als sie feststellten, dass der Altersdurchschnitt der Passagiere fast zehn Jahre unter ihrem lag – kaum adäquate Sexualpartner also, wohl auch, weil sich die ganzen Jünglinge an Bord nicht so recht herantrauten an die aus ihrer Sicht schon eher reiferen Damen. Außerdem ging es relativ prüde zu, so war es den Frauen zum Beispiel verboten, oben ohne herumzulaufen. Eines Abends an der Bar, sie hatten wohl schon einige Cocktails intus, kamen sie deshalb auf die Idee: Wenn schon nicht oben – dann eben unten ohne.

Gesagt, getan. Am nächsten Morgen, als sie nach dem Frühstück auf das Pooldeck kamen, ließ sie ihr Bikini-Oberteil an – aber das Höschen fallen. Das war natürlich eine Sensation, auch weil sie sich kurz zuvor im Klitorisbereich hatte piercen lassen, sodass die männlichen Mitreisenden einen Blickfang mehr hatten. Die Geschichte sprach sich schnell herum an Bord, und erfreut stellten die drei Frauen fest, dass sich die Zahl der Interessenten sofort steigerte. Das war zwar angenehm, aber auch wieder nur als Möglichkeit – in Wirklichkeit ging meine jetzige Patientin lieber so oft wie möglich in ihre Kabine, um zu masturbieren, die Blicke der Männer auf dem Sonnendeck dabei immer vor Augen.

Ein solches Erlebnis kann natürlich lange nachwirken in der Erinnerung. Damit daraus aber eine manifeste Fixierung wird, ist meistens mehr vonnöten, zum Beispiel eine zweite Situation, die die erste verstärkt. Auch an eine solche konnte sich die Patientin nach einigem Nachdenken erinnern. Sie ging regelmäßig zum Yoga. Einmal zeigte der Instruktor seiner Gruppe eine Partnerübung. Die Patientin trug ein dünnes Trikot, sie schwitzte, und ihre Brustwarzen waren steif geworden. Dazu fiel ihr auf, dass ihre Mitturnerin ihr Piercing im Klitorisbereich bemerkte. Das machte sie heiß – und als sie sah, dass die Partnerin nun auch die Feuchte zwischen ihren Beinen wahrnahm, wurde sie noch erregter, so sehr, dass sie die Übung abbrach und ins Solarium ging, um dort … genau, zu masturbieren.

Die Frau hatte also durch diese beiden Erlebnisse Gefallen am Exhibitionismus gefunden, an der Lust, sich beim Sex beobachten zu lassen. Dieser Fetisch, wenn man ihn so nennen will, hat zwei Seiten: zum einen den devoten Teil, in dem man selbst zum Objekt eines anderen wird, machtlos, ausgeliefert seinen Blicken. Zum anderen steckt aber auch das genaue Gegenteil darin: Macht zu haben über den anderen, ihn – übertragen gesprochen – zu fesseln, ihn in gewisser Weise zu beherrschen, eine Situation, in der ich bestimme, was gespielt wird, und kein anderer. Das ist nun nichts, was geheilt werden müsste, wenn kein anderer dabei Schaden nimmt. (Interessant in diesem Zusammenhang: Im Strafgesetzbuch ist Exhibitionismus die einzige Straftat, die nur von Männern begangen werden kann.) Wenn aber, wie in diesem Fall der Mann ja grundsätzlich nichts gegen die Obsession seiner Frau hat, dann geht es eher darum, wie es gelingen kann, das im beiderseitigen Einverständnis in ihr Sexualleben zu integrieren.

Ihnen nun zu Praktiken zu raten, die sie in Schwierigkeiten bringen könnten, lag mir natürlich fern – bei Sex in der Öffentlichkeit ist schnell die Polizei vor Ort, und das kann nicht nur teuer, sondern auch recht peinlich werden. Wenn es also nicht möglich war, den Sex in die Öffentlichkeit zu verlagern – warum dann nicht die Öffentlichkeit nach Hause holen? Also zum Beispiel bei der Liebe die Vorhänge auflassen, im Sommer auch die Fenster. In der Wohnung nach Orten fahnden, die zumindest theoretisch von außen einsehbar sind – es kommt dem Exhibitionisten ja meistens nicht darauf an, wirklich beobachtet zu werden, sondern nur um die Möglichkeit zu wissen, beobachtet werden zu können. Und wenn das alles nicht funktioniert: Warum nicht eine Videokamera aufstellen und so tun, als würde man einen heißen Film drehen? Das Paar war ganz begeistert von meinen Vorschlägen und hatte nun sichtlich Eile, nach Hause zu kommen. Ich konnte mir vorstellen, was sie dort tun würden.

Damit hätte der Fall für mich eigentlich erledigt sein können, denn nun mussten die beiden selbst herausfinden, was ihnen Spaß machte. Rein aus Interesse aber bat ich sie drei Wochen später noch einmal zu mir, um mir berichten zu lassen, wie es ihnen denn ging. Was soll ich sagen: Erfolg auf der ganzen Linie! Der Tipp mit der Videokamera hatte wohl eingeschlagen wie eine Bombe, und auch die »Halböffentlichkeit« durch die geöffneten Fenster war erfolgreich, glücklicherweise noch nicht so erfolgreich, dass irgendwelche Nachbarn Grund gehabt hätten, sich zu beschweren – bislang nahmen sie es, so ist anzunehmen, noch mit einem Lächeln zur Kenntnis. (Und wer weiß, vielleicht hat die öffentlich ausgestellte Lust meines Paares bei den einen oder anderen Nachbarn auch zu einigen neuen Ideen geführt?) Den ultimativen Kick aber hatten die beiden erst kurz zuvor entdeckt: Sie waren in einem Swingerklub, und das kam nun den Vorlieben der Frau mehr als alles andere entgegen – Sex mit ihrem Mann zu haben, dabei beobachtet werden, ohne dass sich jemand beschwert. Zweimal pro Monat besuchten sie den Club und freuten sich jedes Mal schon Tage vorher darauf. Und wie es denn nun mit den Orgasmusproblemen aussehe, wollte ich noch wissen. »Welche Orgasmusprobleme?«, fragte die Frau zurück.

SCHATTENSPIELE

Das männliche Genital ist ein äußerst empfindliches Organ – und zwar nicht nur dann, wenn es seine lustbereitende Aufgabe erfüllt. Denn größer noch und unüberschaubarer als die Menge der schönen Dinge sind all jene Gründe, die verantwortlich dafür sein können, dass gar nichts mehr geht. Da gibt es die temporären, bei denen der Mann meistens selbst weiß, was gerade schuld ist an der toten Hose – Müdigkeit, Stress, zu viel Alkohol; sodann die, die auf ein ungelöstes Problem zum Beispiel in der Beziehung hinweisen. Natürlich können auch organische Ursachen zugrunde liegen. Und schließlich kommen manchmal Männer zu mir und klagen über Erektionsprobleme, bei denen auf den ersten Blick kein Grund ersichtlich ist.

Der Mann, der dringend um einen Termin gebeten hatte, war so ein Fall. Er hatte, um einige der obigen Ursachen gleich auszuschließen, seine Familie mitgebracht: sein Kind, ein Säugling noch, und seine Frau. Die nun war eine, bei der die meisten Männer schon bei der Schilderung weiche Knie bekommen würden: eine Brasilianerin, 28 Jahre alt, braun gebrannt, knackig – ein Traum. Umso verwunderlicher also, dass er über Erektions- wie über Libidoprobleme klagte.

Seit zwei Jahren waren sie verheiratet, und dass sie ein Kind zustande gebracht hatten, war wohl eher ein Zufall – schon immer, so berichtete der Mann, habe er Schwierigkeiten gehabt, das Ding da in seiner Hose zum Leben zu erwecken. Körperliche Gründe gab es keine, wie eine erste Untersuchung zeigte, also musste etwas anderes dahinterstecken. Ich fragte ihn, ob er sich an ein Erlebnis erinnern könne, ob alleine oder mit einer Frau, bei dem es richtig gut geklappt hatte, wo die Lust über ihn gekommen war ohne Einschränkung. Er dachte ein wenig nach und rückte dann mit einer Geschichte heraus.

Von Beruf war er Ingenieur und hatte einige Jahre in Brasilien gearbeitet – wohl irgendwo im Urwald, denn untergebracht waren er und seine Kollegen in einem Camp. Es waren auch Frauen dabei, und mit einer von ihnen bahnte sich etwas an. Nach der üblichen Flirterei kam es eines Abends endlich zur körperlichen Kollision, »wir haben ganz schön wild rumgeknutscht«, sagte er. Allerdings blieb's dabei: Mehr als Küssen ließ die Frau nicht zu, sodass er mehr oder weniger frustriert in sein Zelt ging. Die Frustration stieg noch an, als er versuchte zu masturbieren und das auch nicht so recht klappen wollte. Plötzlich aber bemerkte er etwas, zuerst nur ein paar Geräusche. Dann, als er sich umsah, wo die denn herkämen, sah er durch die Plane seines Zeltes die Umrisse zweier Menschen, die ganz offensichtlich im Nachbarzelt miteinander zugange waren. Sie erlegten sich keine Schranken auf, und so wurde er, wenn auch durch zwei Zeltwände getrennt, optischer wie akustischer Zeuge einer heißen Nummer. Und das machte ihn dermaßen an, dass er nun endlich auch selbst Hand an sich legen konnte.

»Bin ich ein Voyeur?«, fragte er besorgt, aber da konnte ich ihn beruhigen – wohl jeden würde es erregen, andere Paare zufällig beim Sex zu beobachten und zu belauschen. Voyeurismus hingegen bezeichnet den Zwang, solche Gelegenheiten zu suchen und ohne sie keine sexuelle Befriedigung finden zu können, wovon bei meinem Patienten keine Rede sein konnte. Also bat ich ihn, doch darüber nachzudenken und zu erzählen, warum ihn diese Situation so ungemein angemacht hatte. Er kramte ein wenig in seiner Erinnerung und rückte dann mit einer zweiten Geschichte heraus, dieses Mal einer ungleich romantischeren.

Mit 13 Jahren war er in einem Jugendlager gewesen, es schien ihm jetzt wieder eingefallen zu sein, weil sie auch damals in Zelten untergebracht waren. Es waren die Siebzigerjahre, als zwar die sexuelle Befreiung durch die Welt schwappte – in einem Jugendlager damals aber noch nicht angekommen war. Das hieß: Jungen und Mädchen waren streng getrennt, und bei Androhung schlimmster Strafen war es verboten, außerhalb der gemeinschaftlichen Unternehmungen Kontakt zum anderen Geschlecht aufzunehmen. Solche Verbote haben jedoch noch nie etwas geholfen, wenn die Hormone sich rühren, so wie sie es bei meinem jetzigen Patienten taten: Er verliebte sich, recht rein und unschuldig, wie das die ersten Lieben so an sich haben. Da war noch kein Gedanke an Körperlichkeit, nur ein kleines Geheimnis hatten der Junge und seine Freundin: Sie hatten dafür gesorgt, dass ihre beiden Zelte jeweils die letzten im Mädchen- wie im Jungenblock waren, sodass sie nebeneinanderstanden. Und jeden Abend, wenn alle anderen schliefen, unterhielten sie sich, stundenlang, durch die Zeltplanen hindurch. Besonders reizvoll, so erzählte er nun, sei dabei gewesen, dass sie sich nicht hätten sehen können. Sein Blick war dabei voller Nostalgie – eine Erinnerung an die Zeit im Leben, als so vieles noch nicht klar war und man nicht wissen konnte, was noch kommen würde, heute und überhaupt.

Während der Patient sprach, fiel mir auf, dass es im Gehirn seiner Frau arbeitete – als sei ihr etwas eingefallen, was mit den Geschichten ihres Mannes zu tun hatte. Als er fertig war, sagte sie nur: »Weißt du noch, neulich auf der Hütte?« Er schaute zuerst ein wenig ratlos, dann aber schien auch er zu verstehen, was sie meinte.

Etwa zwei Wochen zuvor waren sie auf einer Hütte in den Bergen gewesen, anlässlich der Geburtstagfeier eines Freundes. Es wurde gefeiert, es wurde getrunken – ein sehr lustiger Abend offenbar. Geschlafen wurde, wie es auf Hütten üblich ist, in Massenlagern, ein großer Raum mit vielen Betten, die nur durch Stoffbahnen voneinander getrennt waren. Es war Hochsommer und es war heiß, sodass sie nackt ins Bett gingen. Nachts wachte er auf, weil das Bett nebendran belegt wurde – wer darin schlief, wissen sie bis heute nicht. Zunächst aber wurde gar nicht geschlafen. Er weckte seine Frau auf und sagte: »Hörst du, was da läuft?« Natürlich hörte sie es. Das unbekannte Paar nebenan liebte sich, und er bekam sofort eine Riesenerektion. Er lag mit dem Rücken zum Nachbarbett und bekam die Bewegungen dort mit, seine Frau schmiegte sich an ihn, und er drang in sie ein – in der Stellung, die so harmlos »Löffelchen« heißt, die aber nicht zu unterschätzen ist: Sehr tief kann die Frau dabei penetriert werden, der Kontakt geht über den ganzen Körper, und zumindest die Frau hat die Hände frei und kann sie für weitere luststeigernde Techniken benutzen. Wie auch immer: Sie waren ganz leise in ihrem Hüttenbett und hatten den Sex des Jahres.

Drei Gelegenheiten, dreimal Lust- oder wenigstens Glücksgefühle, und bei allen Gelegenheiten spielten eine Plane, ein warmer Körper und Geräusche eine Rolle: Wir hatten den Fetisch des Mannes identifiziert. Das Ehepaar war zunächst einmal nicht sehr glücklich darüber, denn welche Frau hört schon gerne, dass ihr Mann neben ihr noch andere Reize braucht, um angetörnt zu werden – und welcher Mann freut sich schon, wenn er genau das zugeben muss? Ich musste ihnen aber leider sagen, dass eine solche Fixierung nur recht schwer aufzulösen ist, und schlug ihnen stattdessen vor, das Problem nicht als Problem zu sehen, sondern als Gelegenheit: Warum nicht mit Tüchern experimentieren, mit Verstecken und Wieder-Auftauchen, aus dem Fetisch einen Spaß machen, keinen Zwang? Sie dachten beide ein bisschen nach und sagten dann, dass sie es zumindest mal probieren wollten.

Wenn sich ein sexuelles Problem auf diese Weise lösen lässt, dann braucht es keinen Arzt mehr – ein Paar, das einvernehmlich guten, lust- und liebevollen Sex miteinander hat, bedarf der Heilung nicht, und mit welcher Spielart sie dieses Ziel erreichen, ist ihre Sache. Ich freute mich trotzdem, als ich die beiden einige Zeit später wieder traf und vor allem sie begeistert erzählte, wie gut das alles nun klappe, dass sie das erste Mal seit der Schwangerschaft wieder ein befriedigendes Liebesleben hätten. Sie schienen beide so glücklich, dass ich mir eine Warnung verkniff, obwohl sie mir auf der Zunge lag: Jeder Fetisch birgt die Gefahr, sich abzunutzen und mit der Zeit seine Wirkung zu verlieren. Ich kann nur hoffen, dass die zwei das rechtzeitig erkennen und sich vielleicht noch eine andere oder mehrere Spielarten einfallen lassen – sonst könnte es sein, dass mit der Zeit auch die Tücher das Ding in der Hose des Mannes nicht mehr zum Leben erwecken.

QUELL DER ERREGUNG

Ein schönes Paar saß da im Wartezimmer, schon an der Kleidung war zu sehen, dass sie einen gehobenen Lebensstil pflegten. Sie war 38, er 44 Jahre alt, und seit neun Monaten waren sie verheiratet. Das erzählte mir der Mann, als er mir dann allein gegenübersaß – und rückte gleich mit seinem Problem raus: Erektionsprobleme habe er, also eigentlich doch nicht, er könne schon mit seiner Frau schlafen. Aber nicht, wann er wolle. Er druckste noch ein bisschen herum, dann gestand er: Er brauche eine spezielle Art von Vorspiel. Na, dachte ich, das ist ja wohl ein Problem, das beide angeht, und fragte ihn, ob es ihm etwas ausmache, wenn wir seine Frau hereinholten. Tat es nicht.

Die Geschichte ihres Urlaubs erzählte dann die Frau: Nach Venezuela ging's, da soll es ja traumhaft sein, nach allem was man hört. Den ganzen Tag hatten sie schon am Strand gelegen, aber jetzt wurde es ihr zu heiß, vor dem Abendessen wollte sie noch ein bisschen aufs Zimmer gehen. Dort legte sie sich aufs Bett, und obwohl es ja ein Liebesurlaub war und sie wahrscheinlich nicht zu kurz kam in den Nächten ... sie bekam Lust und begann zu masturbieren. Das beschäftigte sie so, dass sie ihren Mann zunächst gar nicht hereinkommen hörte. Als sie ihn aber bemerkte, sah sie in erster Linie die gewaltige Erektion in seiner Badehose. Das erregte sie gleich noch mehr, und als sie endlich zum Orgasmus kam, war der gigantisch wie noch nie – einerseits. Andererseits konnte ihr Mann, der sie die ganze Zeit beobachtet hatte, etwas sehen, was sie vorher schamhaft vor ihm verborgen hatte.

Ja: Auch Frauen können ejakulieren. Natürlich nicht so wie die Männer, die beim Orgasmus in ihrem Ejakulat einige Millionen Spermien herausschleudern. Frauen jedoch verfügen über die sogenannten Paraurethral- oder Skene-Drüsen. Die liegen oberhalb der Scheidenöffnung und sind unter anderem dazu da, diese bei Erregung zu befeuchten, damit eindringen kann, was eindringen soll. Bei manchen Damen sind diese Drüsen außerordentlich leistungsfähig. Das heißt: Bei starker Erregung passiert, was in Pornofilmen »Squirting« heißt – wörtlich übersetzt: Es spritzt.

Statistiken sprechen von bis zu 54 Prozent aller Frauen, die in der Lage sind zu ejakulieren. Allerdings schämen sich viele wegen dieses absolut natürlichen Vorgangs und halten ihn vor dem Partner möglichst geheim. Bei der Dame auf dem Hotelbett in Venezuela war nun entweder die Erregung übergroß – oder sie hatte so viel Vertrauen in ihren Partner gewonnen, dass sie es einfach spritzen ließ. Über 30 Zentimeter weit flog das Sekret angeblich, das ist eine stolze Leistung. Der Mann fand das wohl ebenfalls: Er stürzte sich auf sie, und was dann geschah, das konnte er noch Monate später nur mit einem Wort beschreiben: »Genial!«

So weit, so gut – wenn zwei Menschen voller Vertrauen zueinander sind, dann, so meine feste Überzeugung, können sie nichts Falsches tun, und verboten ist sowieso nichts. Das Problem war ein anderes: Das Bild seiner masturbierenden, ejakulierenden Frau hatte sich so im Kopf des Mannes festgesetzt, dass es ihm nicht mehr möglich war, mit ihr zu schlafen, wenn er sie nicht vorher beobachten durfte. Sie machte das im Prinzip auch gerne, so entwaffnet, wehrlos, wie sie daliege, das empfinde sie als hocherotisch. Und das mit der Ejakulation – na ja, früher habe sie sich dafür geschämt, aber seit sie wisse, dass ihn das errege … Wie als Beweis und als Trophäe hatten sie den Vorgang mit ihrem Smartphone gefilmt und zeigten mir den Clip, was medizinisch zwar nicht nötig gewesen wäre, mich aber dennoch beeindruckte.

Es gab natürlich trotzdem eine Schwierigkeit, sonst wären sie ja nicht zu mir gekommen. Man könnte es beschreiben als ein Missverständnis zwischen der Lust des Mannes – und seinem Penis. Der Penis tat, wenn die beiden miteinander ins Bett gingen, das, was von ihm erwartet wurde: Er wurde steif. Da kam aber die Lust des Mannes nicht hinterher, die ja noch auf den Orgasmus der Frau warten wollte. Und wenn die Lust dann so weit war – hatte der Penis keine Lust mehr, die Erektion fiel zusammen.

Das war nun menschlich wie ärztlich schwierig. Denn zum einen hatten sich ja die beiden Richtigen gefunden, sie mit ihrem Springbrunnen zwischen den Beinen und er, der daran Gefallen fand. Andererseits, und das sagte ich ihnen auch, birgt jedes Ritual die Gefahr der Abnutzung – wenn eine Frau ihren Holden jeden Abend in Strapsen erwartet, dann findet er das die ersten paar Male sicherlich scharf. Irgendwann wird er wahrscheinlich trotzdem fragen, was es zum Abendessen gibt. Also erklärte ich ihnen, dass es auch in ihrem eigenen Interesse sei, zu einem »normalen« Beischlafverhalten zurückzukehren. Die Nummer mit der Masturbation könnten sie sich ja für besondere Anlässe aufheben. Um ihm die Umstellung zu erleichtern, verschrieb ich ihm Viagra, das sollte seine Erektion auch ohne zusätzliche Stimulation verbessern.

Auch wenn ich mir sicher bin, die richtige Therapie für einen Patienten gefunden zu haben, vereinbare ich einen Termin einige Zeit später, um zu hören, ob Rat und Medikament gefruchtet hatten. So saß auch das gut aussehende, wohlsituierte Ehepaar drei Wochen nach dem ersten Gespräch wieder in meinem Behandlungszimmer. So richtig glücklich wirkten sie allerdings nicht: Nun ja, das Viagra habe schon geholfen, die Erektion sei besser geworden. Aber im Vergleich mit ihrem kleinen Spiel von damals – nein, das sei immer noch unerreicht. Mir blieb nichts anderes, als ihnen alles Gute zu wünschen und zu hoffen, dass sie ihr ganzes Leben lang den Spaß an diesem Ritual behalten würden, das sie in einem Hotelzimmer in Venezuela gefunden hatten.

FAUST I

Das ist ja immer so eine Sache, wenn sich zwei Menschen kennenlernen und dann irgendwann einmal auch körperlich kollidieren: Zu Beginn ist alles spannend, das Ausprobieren, das Herausfinden, zu sehen, was der andere mag und worauf er richtig abfährt. Nicht so einfach ist es, wenn einer der beiden ein Geheimnis hat, das er für ein dunkles hält: Wie sage ich dem Partner, dass ich auf Strapse stehe, auf Vibratoren, auf Analverkehr? Dazu gehört ein gehöriges Maß an Vertrauen – und die Hoffnung, dass der Partner das Ansinnen nicht empört zurückweist oder sich sogleich verabschiedet.

Die Frau war 34 Jahre alt, geschieden und Filialleiterin bei einem Discounter. Sie war zu mir gekommen, weil sie über Schmerzen am Damm klagte. Eine Harnwegsinfektion hatte sie nicht, auch keine Probleme mit der Verdauung, also blieb die Frage nach ihrem Sexualleben – nein, Spielzeuge verwende sie nicht. Allerdings habe sie seit etwa zwei Monaten einen neuen Partner.

Vier Jahre war sie nach der Scheidung allein gewesen und hatte in dieser Zeit naturgemäß einiges ausprobiert. Dann kam dieser Mann daher, er war gut zu ihr, sie verliebten sich und gingen bald miteinander ins Bett. Das allerdings, so berichtete sie, war eine rechte Enttäuschung – sie spürte seinen Penis kaum, von Orgasmus keine Spur. Glücklicherweise war der Mann bereit, wenigstens oral und manuell nachzuhelfen. Das ging dann, aber von Erfüllung war sie immer noch weit entfernt.

Während ihres Singledaseins hatte sie viel masturbiert. Eine Freundin hatte ihr dann einmal von den Freuden des Fistings berichtet, also vom Einführen der Faust in die Scheide. Bei der Freundin machte es der Mann, aber weil ihr ein solcher nicht zur Verfügung stand, probierte sie es selbst. Es klappte, und wie: Sie berichtete mir von Orgasmen ungeahnten Ausmaßes – Fisting wurde ihre bevorzugte Technik.

Wenn also nun ihr Mann aus einfachen anatomischen Gründen nicht in der Lage war, sie auszufüllen – warum sollte sie ihn nicht teilhaben lassen an dem, was sie wirklich befriedigte? Sie erzählte ihm von ihrer Vorliebe, er war zumindest neugierig, so machte sie ihm vor, wie es ging. Ich möchte nicht sagen, dass Fisting unbedingt den Weg weist in die Sadomaso-Szene, es gibt genügend Leute, die es praktizieren, aber an Fesselungen, Peitschen und Ähnlichem überhaupt kein Interesse haben. Die beiden jedoch hatten offenbar eine Grenze überschritten.

Irgendwann schauten sie im Fernsehen den Spielfilm »Wiege der Sonne« mit Sean Connery an, einen Wirtschaftskrimi mit – so viel Klischee muss in Hollywood sein – bösen und kriminellen Japanern, die ein aufrechter US-Polizist zur Strecke bringt. Eine Szene erregte aber besonders ihre Aufmerksamkeit – eine Frau hat mehr oder weniger freiwillig Sex mit einem Mann, der würgt sie während des Verkehrs, was sie offensichtlich ziemlich anmacht. Nur leider ist sie am Ende der Szene tot. Trotzdem fand das Paar diese Technik interessant.

Der, nun ja, Fachbegriff für das sogenannte Würgespiel heißt Asphyxiophilie – übersetzt ungefähr »die Liebe zur Pulslosigkeit«. Dabei wird mit den Händen oder anderen Dingen der Hals zugehalten, sodass der Partner nicht mehr atmen kann, zusätzlich werden auch die beiden Halsschlagadern zugehalten, die das Gehirn mit Sauerstoff versorgen. Wenn das nicht mehr geschieht, steigt dort die Konzentration von Kohlendioxid, was tatsächlich zu einer Art Rauschzustand führen kann und damit auch zu einer Erhöhung der sexuellen Erlebnisfähigkeit. Ich möchte jedoch betonen, dass es kaum eine gefährlichere sexuelle Technik gibt – tatsächlich ist sie lebensgefährlich. In allen Ratgebern wird darauf hingewiesen, dass zu ihrer Anwendung Fachkunde erforderlich ist – aber wer ist schon fachkundig im Würgen von Menschen? Manche Leute versuchen sogar, den Kick ohne Partner herbeizuführen, indem sie sich zum Beispiel eine Plastiktüte über den Kopf ziehen. Dadurch atmen sie immer wieder nur die verbrauchte Luft ein, also immer weniger Sauerstoff und immer mehr Kohlenmonoxid. Wenn diese Menschen dann gefunden werden, sieht es zunächst aus wie eine sehr bizarre Art von Selbstmord. Die Gerichtsmediziner wissen aber meistens, was wirklich dahintersteckt. Und auch wenn ein Partner dabei ist und den Ablauf überwacht, besteht die Gefahr, dass er nicht mehr rechtzeitig reagieren kann. Die Folge kann der Tod sein oder auch schwere Gehirnschäden wegen des anhaltenden Sauerstoffmangels.

Meiner Patientin und ihrem Partner war das egal – sie probierten es aus, und tatsächlich, so erzählte sie, habe sie einige der außergewöhnlichsten Orgasmen ihres Lebens gehabt, wenn er sie würgte. Dem Arzt in mir sträubten sich sämtliche Nackenhaare, und ich klärte sie erst einmal auf, was dabei alles passieren kann und wie viel Glück sie gehabt hatte, dass sie noch gesund vor mir saß. Das machte sie dann doch nachdenklich, und ich glaube, sie hat mit ihrem Partner schon noch einmal darüber gesprochen, ob sie nicht zu einer ungefährlichen Spielart zurückkehren könnten. Zum Beispiel zum Fisting – nachdem ich ihr gezeigt und erklärt hatte, wie sie mit ihrer Faust umgehen muss, damit nichts Schaden nimmt, versprach sie mir, das künftig zu berücksichtigen. Die Schmerzen im Damm waren damit auch erledigt.

SCHÖN HÄSSLICH

So ging das nicht! Immerhin war das Paar ja seinetwegen zu mir gekommen – jetzt aber führte seine Frau, groß, blond, schlank, zehn Jahre jünger als er, sehr attraktiv, das große Wort. Wie eine Mutter beim Kinderarzt erklärte sie mir, was verkehrt sei bei ihrem Mann, er kriege keinen mehr hoch, der Sex zwischen ihnen sei ja noch nie besonders gewesen, aber wenigstens erträglich, jetzt aber, seit ein paar Monaten, gehe gar nichts mehr. Nein, an ihr könne das nicht liegen, mit anderen Männern vor ihm habe es ja auch geklappt, also bitte: Was stimme nicht mit ihrem Mann? Der saß daneben, hatte überhaupt keine Chance, zu Wort zu kommen, und nickte nur ab und zu zustimmend. Was für ein Pantoffelheld, dachte ich bei mir. Als ich sie bat, doch draußen zu warten, damit ich ihn untersuchen konnte, schien er mir fast erleichtert zu sein.

Körperlich war nichts festzustellen. Aber nun hatte ich die Gelegenheit, seine Sicht der Dinge zu erfahren. Ich staunte nicht schlecht, als er anfing: Ja ja, das sei schon richtig, alle Leute fänden seine Gemahlin toll, ihr Aussehen, wie sie alles schaffe – eine richtige Powerfrau. Nur ihn, ihren Mann, ihn stoße das schon seit Langem richtiggehend ab. Er habe keine Lust auf sie, finde sie zwar hübsch, aber nicht heiß. Irgendwann sei er ganz froh gewesen, sich auf die Erektionsprobleme hinausreden zu können, um nicht mehr mit ihr schlafen zu müssen.

Wenn Leute sich entschlossen haben zu reden, dann unterbricht man sie am besten nicht. So schwieg ich, und tatsächlich ging die Erzählung bald weiter. Vor fünf Jahren etwa, so sagte er, habe er zufällig eine Frau kennengelernt, das genaue Gegenteil von seiner: klein, ein bisschen dicklich, etwas älter als er – eigentlich keine Konkurrenz zu seiner Frau. »Ich hab mich aber sofort zu ihr hingezogen gefühlt«, sagte er. »Und Lust habe ich auch gehabt.« Also betrog er seine Modelschönheit mit dem Muttchen – und war glücklich dabei.

Es blieb nicht bei dem einen Mal. Nun wusste er, worauf er aus war, und er suchte gezielt danach, nach Frauen, zu denen das Leben nicht immer gut gewesen war, die wieder und wieder enttäuscht worden waren, die von frühester Kindheit an gehört hatten, dass sie nicht hübsch, nicht intelligent, nicht begehrenswert seien. Bei ihnen fand er, was er suchte – Aufmerksamkeit, Bewunderung, Hingabe. Und: Sie kritisierten ihn nicht. Er konnte tun, was er wollte, sie fanden immer alles toll an ihm.

Mit gleichberechtigten Beziehungen hatte das natürlich nichts zu tun. Sein Verhalten war in das Gegenteil dessen umgeschlagen, was er in seiner Ehe durchleiden musste – nun war er der große Zampano, gab Befehle, übte die Dominanz aus, die ihn bei seiner Frau so abstieß. Dass die Frauen das alles mit sich machen ließen, war bedauerlich, ist aber gar nicht so selten, auch nicht bei Männern: Gerade Menschen, die es nicht gewohnt sind, von einer Atmosphäre erotischer Aufmerksamkeit umgeben zu sein, Komplimente zu bekommen und begehrt zu werden, neigen oft dazu, mit aller Macht und über das hinaus, was ihnen guttut, an einer Beziehung festzuhalten, wenn sie denn erst einmal eine gefunden haben.

Bei meinem Patienten ging die Sache aber noch weiter: Die Erfahrung der Erniedrigung durch seine Frau brach sich Bahn – nun bekam er selbst Fantasien, wie er seine Freundinnen erniedrigen konnte. Richtig schlecht behandelte er sie und genoss es, dass sie ihm auch dann nicht zu widersprechen wagten. Seine Wünsche wurden immer anspruchsvoller, auch die sexuellen. Schließlich befahl er seiner aktuellen Beziehung, sie solle jetzt mal eine zweite Frau herbeischaffen, er wünsche sich schon lange einen Dreier. Sie tat ihm auch diesen Gefallen, jetzt mussten zwei Frauen im Bett nach seiner Pfeife tanzen, zwei Frauen konnte er Befehle erteilen, zwei Frauen mussten sich seinen Regeln unterwerfen, während es für ihn keine Regeln gab – so sehr als Mann hatte er sich schon lange nicht mehr gefühlt.

Natürlich wusste er selbst, dass er nicht nett war zu den Frauen und dass er viele von ihnen tief verletzt hatte – dass er vor allem aber so die Probleme in seiner Ehe nicht lösen konnte. Dass er und seine Frau wieder lernen mussten, was sie aneinander einmal geschätzt hatten. Dann fragte ich ihn, ob er einverstanden sei, wenn die Frau wieder dazukomme. Seine Körpersprache dabei war erstaunlich: Zuvor, als er von seinen Eroberungen berichtet hatte, hatte er aufrecht und geradeaus in seinem Stuhl gesessen. Kaum erwähnte ich seine Frau, sackte der ganze Kerl in sich zusammen, als erwarte er, gleich verprügelt zu werden.

Der Frau sagte ich als Erstes, sie möge nun kurz einmal nur zuhören. Sie war deutlich pikiert, hielt aber wenigstens den Mund. Natürlich verriet ich nichts von dem, was der Mann mir erzählt hatte – das Patientengeheimnis gilt auch gegenüber Ehegatten. Aber ganz allgemein erklärte ich die Situation, sagte, dass medizinisch nichts verkehrt sei und der Arzt deshalb auch nichts ausrichten könne, dass ich aber dringend zu einer Paartherapie rate. Glücklicherweise konnte ich auch gleich einen Kollegen empfehlen, und beide erklärten sich bereit, das wenigstens einmal zu versuchen.

Es muss, so berichtete mir der Kollege später, nicht ganz einfach gewesen sein – denn zum Wesen einer solchen Therapie gehört ja auch, dass die Dinge erst einmal auf den Tisch gelegt werden, und das hieß in dem Fall für die Frau, dass sie sich alles anhören musste, was sich bei ihrem Mann im Lauf der Jahre so angestaut hatte, und das war nicht wenig. Sie schien dann aber zu verstehen, dass sie selbst einen gehörigen Anteil an seiner »Entmannung« hatte – und dass nicht nur ihr Mann und ihre Ehe, sondern auch sie selbst davon profitieren würde, wenn sie es schaffte, weniger perfektionistisch, weniger fordernd, weniger rigide zu sein. Nach einem halben Jahr meinte der Therapeut, die beiden seien jetzt auf einem guten Weg, er sei recht zuversichtlich. Sie schliefen sogar wieder miteinander – obwohl die Frau sicher immer noch außergewöhnlich attraktiv war.

SEX VS. STEUER

Warum gehen Menschen zum Arzt? Weil sie husten, röcheln, Fieber haben, Durchfall, einen gebrochenen Arm, einen blauen Fleck oder eine gebrochene Rippe. Gesund soll er sie machen, den Zustand wiederherstellen, den alle Welt als normal weil, störungsfrei empfindet. Die Patienten, die zu mir, dem Sexualmediziner, kommen, wollen nichts anderes, auch wenn der vorgebliche »Normalzustand« in meinem Ressort etwas schwieriger zu definieren ist. Wer dieses Buch bis hierhin gelesen hat, der weiß, dass viele Störungen, Merkwürdigkeiten, Krankheiten gar keine sind, sondern nur von der Norm abweichen – die jedoch stets zu hinterfragen ist: Wie viele Orgasmen braucht die Frau pro Verkehr? Wie oft muss der Mann hintereinander können? Bin ich pervers, weil ich es liebe – und eine Erektion bekomme –, wenn ich die Füße meiner Frau betrachte, streichle und küsse?

Lebensbedrohlich sind die Probleme, derentwegen meine Patienten zu mir kommen, in den wenigsten Fällen – meistens ist ihnen mit einer professionellen Diagnose, einer fachmännischen Rezeptur und einem Rat aus langjähriger Erfahrung wie aus gesundem Menschenverstand zu helfen. Dann dauert es in den meisten Fällen nicht lange und der Penis erigiert wieder, die Scheide wird wieder feucht und die blöden Krankheitserreger, die dort nichts zu suchen haben, sind verschwunden – der angenommene Normalzustand ist wiederhergestellt. Umso merkwürdiger also, wenn jemand zu mir kommt, der mich bittet, etwas zu tun gegen diesen Normalzustand.

Er war nicht sehr scharf auf sie und sie nicht auf ihn, als sie sich kennenlernten – Mitte 30 beide, Steueranwalt und Tierärztin, und ich hoffe, niemandem zu nahe zu treten mit der Annahme, dass bei diesen beiden Berufsgruppen wohl die wenigsten an hemmungslose Leidenschaft und ungezügelte Lust denken. So war es auch bei den beiden: Sie kannten sich irgendwie beruflich, fingen irgendwann mal an, miteinander auszugehen, sympathisch war man sich wohl auch – so dauerte es, der beiderseitigen Schüchternheit sei's gedankt, auch gerade mal fünf Wochen bis zur ersten gemeinsamen Nacht. Die dann, nach herkömmlichen Vorstellungen, zunächst eine Katastrophe war. Zwei Jahre waren beide zuvor Singles gewesen, nun hätte man erwarten können, dass sie voller Gier übereinander herfielen und alles rausließen, was sie so lange aufgespart hatten. Nichts davon: Er versuchte zweimal vergeblich, eine Erektion zu bekommen, und sie verlor dann auch irgendwann die zumindest marginal vorhandene Lust. Immerhin: Er wachte nachts auf, weil ihn eine riesige Erektion drückte – da hatte dann wohl endlich das Unterbewusstsein die Regie übernommen und den Körper zu dem gebracht, was der Kopf zuvor verboten hatte. Eine Stunde Sex am Stück, eine Leistung, die für beide außergewöhnlich war.

Leider blieb nichts davon für den Alltag übrig – sie mochten sich, sie waren auch zusammen, irgendwie, aber allzu oft sahen sie sich nicht, weil beide viel arbeiteten. Wenn sie schon mal körperlich kollidierten, dann war es schnell vorüber und hatte mehr den Charakter einer Pflicht als einer Lust: Es gehörte halt irgendwie auch dazu.

Die Wende brachte ein kaputtes Auto, nämlich ihres. Sie brachte es in die Werkstatt, erklärte das Problem, der Mechaniker hörte zu und sagte, sie solle es über die Grube fahren. Er ging nach unten, um den Fehler zu betrachten, und während sie oben stand – gekleidet in ein luftiges Kleidchen, es war Sommer –, bemerkte sie, dass er ihr von dort unten unverschämt zwischen die Beine starrte. Sie fand das empörend und peinlich, aber wenn sie ehrlich zu sich selbst war, dann musste sie auch zugeben, dass es sie über alle Maßen erregte. Sie ließ den Mechaniker beim Auto, ging nach Hause und masturbierte, bis sie vor Lust mit den Beinen um sich schlug.

Die Beziehung zu ihrem Freund, dem Steueranwalt, war zwar keine leidenschaftliche, aber doch eine offene, vertraute. Also erzählte sie ihm von dem Erlebnis in der Autowerkstatt. Wie es beider Art war, analysierten sie ausführlich, was geschehen war und warum sie so reagiert hatte. Am Ende der Diskussion stand eine gemeinsame Entscheidung: dass es vielleicht vernünftig sein könnte, sich gelegentlich mal mittags zum Essen zu treffen.

Zum Essen? Die Frau hatte ihr Erweckungserlebnis gehabt, und sie wollte mehr davon. Der arme Kerl an ihrer Seite, der sich statt für Geschlechtsverkehr mehr für die neuesten Entscheidungen des Bundesfinanzhofs in Steuerfragen interessierte, sah sich von heute auf morgen mit einer Frau konfrontiert, die vor allem eines wollte: Sex. Sex in der Öffentlichkeit. Sie verführte ihn in der Umkleidekabine eines Bekleidungsgeschäftes, als sie einen Anzug kaufen wollten.

Sie trieb es mit ihm im Sommer im Englischen Garten. Sie buchte einen Platz in der letzten Reihe der Staatsoper, weil sie wissen wollte, wie das ist: vögeln zu Wagner. Sie flogen aus dem Fitnesscenter, weil andere Sportskameraden nicht akzeptieren wollten, dass sie Sex im Whirlpool hatten. Sex im Aufzug – das wäre noch so ein Wunsch von ihr gewesen, aber sie wussten beide, dass da Kameras installiert waren, und trauten sich dann doch nicht.

Bei aller Liebe und bei allem Neuen, Unbekannten, Spannenden: Ihm wurde das doch bald zu viel. Und so kam es, dass mir zwei Menschen gegenübersaßen, die mich nicht baten, sie gesund zu machen – sondern die nach Wegen suchten, ihre Lust einzudämmen. Vor allem der Mann war regelrecht verzweifelt und fand, dass nun endlich einmal etwas unternommen werden sollte gegen den unerträglich hohen Testosteronspiegel in seinem Blut. Damit lag er wahrscheinlich gar nicht so falsch: Sexuelle Aktivität regt die Produktion des Männlichkeitshormons an, je mehr außergewöhnliche sexuelle Begegnungen er mit seiner Freundin hatte, desto mehr Testosteron produzierte sein Körper, und desto geiler wurde er. Nur passte das leider überhaupt nicht zusammen mit seiner ruhigen, kontemplativen Arbeit als Steueranwalt – wer ständig an Sex denkt, hat den Kopf nicht frei für all die Paragraphen.

Es gibt durchaus Mittel gegen zu hohen Testosterongehalt, man gibt sie zum Beispiel bei bestimmten Formen von krankhaftem Haarausfall. (Nebenbei bemerkt: Das ist der Grund, warum viele Frauen Männer mit Glatze sexy finden – das fehlende Haupthaar deutet hin auf viel Testosteron, also auf einen Mann, der potent, durchsetzungsfähig, eben männlich ist. Frauen scheinen so etwas riechen zu können.) Ich verschrieb ihm also ein solches Mittel, hatte aber deutliches

Bauchgrimmen dabei: Auch wenn es ihn – vielleicht – glücklich machen würde, wir Ärzte wollen den Menschen ja eigentlich helfen, den Normalzustand zu erreichen. Davon konnte nun aber bei ihm nicht die Rede sein – er bat mich ja, ihn (wieder) zu einem mehr oder weniger libidolosen, asexuellen Wesen zu machen.

Es funktionierte aber sowieso nicht. Das Mittel sprach nicht an, und als ich die Frau das nächste Mal traf, erzählte sie mir, dass sie sich von ihm getrennt hatte, er sei ihr dann doch zu feige und zu spießig gewesen. So sitzt er wahrscheinlich bis heute über seinen Kommentaren zum Steuerrecht. Und sie hat hoffentlich jemanden gefunden, der keine Angst vor ihr hat – und auch keine vor Kameras in Aufzügen.

EIN PRÄSIDIALER EFFEKT

Amerikanische Präsidenten gehen ja gelegentlich nicht nur wegen ihrer politischen Erfolge in die Geschichtsbücher ein, sondern auch wegen ihrer sexuellen Eskapaden – so etwa John F. Kennedy und natürlich Bill Clinton. Dass jedoch ein sexualwissenschaftlicher Fachbegriff nach dem ersten Mann der USA benannt wird – das dürfte nur Calvin Coolidge (1872–1933) gelungen sein, der von 1923 bis 1929 der 30. Präsident der Vereinigten Staaten war. Der »Coolidge-Effekt« geht zurück auf eine Anekdote, die auch dann schön ist, wenn sie nicht stimmt.

Coolidge war dem zufolge mit seiner Frau Grace bei der Besichtigung einer Hühnerfarm. Beide wunderten sich, dass nur ein Hahn für alle Hennen im Stall zuständig war. Als man erklärte, dass der Hahn sich bis zu zwölfmal täglich paarte, soll die First Lady gesagt haben: »Sagen Sie das meinem Mann.« Das geschah, und der Präsident fragte zurück, ob es denn jedes Mal dieselbe Henne sei – nein, jedes Mal eine andere, bekam er zur Antwort. Darauf sagte Coolidge: »Sagen Sie das meiner Frau.«

Es ist zugegeben kein kurzer Weg vom Präsidenten Coolidge zu dem 32-jährigen Wirtschaftsprüfer, blond, gepflegt, gut aussehend, der von mir behandelt werden wollte. Er sei seit ein paar Wochen mit einer Frau zusammen, es habe, was das Körperliche angeht, angefangen wie immer: Sex zu jeder Tageszeit, in jeder Variante und an jedem Ort. Viermal täglich sei das Mindeste gewesen, durchliebte Nächte sowieso, »wir hatten öfter Sex, als wir gegessen haben«. Nun aber, da Küche und Esstisch, Keller und Wohnzimmer ebenso durch seien wie Dessous, Sexspielzeug und geiles Geflüster am Telefon, merke er plötzlich, dass er keine Lust mehr habe, dass er nicht mehr scharf sei auf die Frau. Das tue ihm leid, und er wolle das nicht, denn eigentlich sei sie toll.

Das, was der Mann beschrieb, ist der Coolidge-Effekt in Reinkultur: das Unvermögen, der Unwillen, immer mit der gleichen Frau zu schlafen. Der Effekt ist kein allein menschliches Phänomen, sondern wurde im Labor auch an Ratten und anderen Versuchstieren nachgewiesen. Allein: Der Rattenmann leidet wahrscheinlich nicht unter seiner Unfähigkeit zur Monogamie. Das tat mein Patient schon. Denn er war nicht nur der Meinung, dass seine Frau regelmäßigen Sex verdient habe, nein: Sie fordere das geradezu, so zumindest sein subjektiver Eindruck. Aber seine Unlust mache sich mittlerweile auch körperlich bemerkbar, er habe Schwierigkeiten, eine ausreichende Erektion zu bekommen.

Körperlich, also was den Hormonspiegel und die Durchblutung anging, war alles in Ordnung – das Problem lag wieder einmal im Kopf. Trotzdem verschrieb ich ihm zunächst einen PDE-5-Hemmer, landläufig als Viagra bekannt – vielleicht, so meine Überlegung, würde ja schon das Wissen um die medikamentöse Unterstützung ausreichen, um ihn wieder leistungsfähig zu machen. Als er das nächste Mal kam, berichtete er jedoch betrübt, dass das nichts geholfen habe. Die PDE-5-Hemmer sind ja auch keine Steifmacher, die ihr Werk am Penis unabhängig von der äußeren Situation tun – der Mann muss schon auch bereit sein und Lust haben. Bei dem Patienten war allerdings offensichtlich die Grundlibido zu gering, und dann richtet auch die Arznei nichts mehr aus.

Es ist ein Dilemma, das uns die Evolution da ins Nest gelegt hat: Zum einen war es für Männer natürlich immer vorteilhaft, ihre Gene über möglichst viele Frauen zu streuen – berücksichtigt man, dass der Vorgang, um den es hier geht, zunächst erfunden wurde, um Nachwuchs zu zeugen. Die gesellschaftliche Einigung auf die Monogamie jedoch schließt diese Promiskuität aus – eine Frau für ein ganzes Leben soll es sein, was aus Sicht der Frau und der Evolution wiederum ganz vernünftig ist, denn ihr Interesse ist es natürlich, ihre Kinder exklusiv mit nur einem Mann zu haben, dann, zum Beispiel würde er sie nicht fressen. Manche Tiere, bei denen sich diese Exklusivität nicht durchgesetzt hat, finden nichts dabei, den Nachwuchs zur Mahlzeit zu erklären – außer es ist ihr eigener. (Ich weiß, dass es zu kurz gegriffen ist, Menschen mit Tieren zu vergleichen, und dass natürlich die Errungenschaften der Zivilisation und des allgemeinen menschlichen Ethos hierbei nicht berücksichtigt sind. Ich sage nur, was die Evolution sich bei manchen Verhaltensweisen gedacht haben könnte.)

Wenn sich aber nun heutzutage ein Mann und eine Frau begegnen, dann steht der Mann vor einem anderen Problem: Er muss – wieder rein evolutionsbiologisch gesprochen – seine Potenz und seine Liebe beweisen, indem er der Frau möglichst oft zeigt, wie begehrenswert sie für ihn ist. Das hat aber leider – wie im Fall meines Patienten – zur Folge, dass sich das »Sensation seeking«, die Suche nach dem Neuen, dem immer noch Aufregenderen, recht schnell verschleißt. Der Mann hatte mir dann auch erzählt, dass er sich von früheren Partnerinnen getrennt habe, wenn der Reiz des Anfangs verflogen war. Der ließ sich manchmal noch durch immer extremere Varianten aufrechterhalten – aber irgendwann war es vorbei.

Was tun? Eigentlich sollte man den Leuten raten, es doch langsam angehen zu lassen, nicht gleich zu Beginn alles auszuprobieren, sich doch gewisse Varianten zu reservieren für die Zeit, wenn die Beziehung einen neuen Kick gebrauchen kann. Das ist natürlich blauäugig – denn die Geilheit in einer frischen Beziehung ist ja auch hormonell gesteuert, und dass sie dann abnimmt, liegt ebenfalls nicht nur an der Vertrautheit und der Ruhe, die eine gefestigte Liebe glücklicherweise mit sich bringt. Das »verflixte siebte Jahr«, in dem angeblich die meisten Ehen zerbrechen, ist übrigens ein Mythos – tatsächlich besteht die Gefahr eher im dritten Jahr einer Beziehung, und auch dafür gibt es hormonelle Gründe. Dem Patienten konnte ich nur zwei Sachen raten: zum einen zu einem Psychologen zu gehen und in einer längeren Perspektive an dem Problem zu arbeiten. Zum anderen, und das hat dann letztendlich auch geholfen: den Sex mit seiner Frau erst einmal auszublenden, sich nicht unter Druck zu setzen und zu warten, bis die Begierde von selbst wieder kommt. »Dirty talking« erlaubte ich ihm, also heiße Gespräche ohne den Vollzug – und tatsächlich gelang es den beiden so, ihr Liebesleben von Neuem zu erwecken. US-Präsidenten taugen also auch in solchen Fällen nicht immer zum Vorbild.

BLAUE BÄLLE

Es ist noch gar nicht so lange her, da war der Orgasmus, der weibliche zumal, etwas ausgesprochen Unanständiges – beim Mann wurde er gerade noch akzeptiert, weil er ja mit der Ejakulation einhergeht und deshalb unabdingbar ist für die Zeugung von Kindern. Frauen jedoch, die außer sich gerieten, das war nicht vorgesehen, das tat eine Dame nicht, und zur Begründung wurde neben Etikette und kirchlicher Sexualmoral auch die Biologie herangezogen: Eine Frau konnte ja schließlich auch ohne Orgasmus ein Kind empfangen, also war er nichts als Luxus und Genusssucht und deshalb verdammenswert.

Das hat sich glücklicherweise geändert, allerdings mit der Folge, dass die Männer gelegentlich gehörig unter Stress geraten – nun dürfen sie nicht mehr drauflosrammeln, wie es ihnen gefällt, nun haben sie gefälligst auf ihre Partnerin zu achten; erst wenn die ausreichend befriedigt ist, darf sich auch der Mann in seiner Lust verlieren. Das ist aber, bei Licht betrachtet, kein großer Verzicht, denn gegenseitige

Anteil- und Rücksichtnahme, ein Aufeinandereingehen und liebevolles Miteinander kann die Lust erheblich steigern; im Gegenteil: Für die meisten Männer wäre es wohl schon sehr merkwürdig und wenig lustfördernd, würde die Partnerin das alles nur über sich ergehen lassen und selbst kein großes Interesse zeigen.

Man kann's aber auch übertreiben. Der 41-jährige Mann in meiner Sprechstunde klagte über Schmerzen in den Hoden, so stark, dass er mittlerweile Probleme habe, eine Erektion zu bekommen. Die Untersuchung ergab nichts Krankhaftes, nur Blutgefäße am Hodensack traten stark hervor, aber das gibt es schon mal. So blieb zunächst nur der Rat: beobachten und in zwei Wochen wiederkommen.

Bei diesem nächsten Termin beklagte er sich jedoch noch mehr: Die Schmerzen seien schlimmer geworden, und komisch aussehen würde das nun auch. Ich bat ihn, die Hose abzulegen, und als ich das darunter verborgene Schlamassel sah, konnte ich nicht anders, als zu fragen: »Sagen Sie mal, was machen Sie da eigentlich?« Der Hodensack war blau, fast schon violett angelaufen und bestimmt um ein Viertel vergrößert. Der Grund dafür war dann aber fast ein honoriger – auch wenn sich der Mann in die Gefahr einer ernsten Gesundheitsschädigung brachte.

Seine Frau hatte Schwierigkeiten, zum Orgasmus zu kommen, berichtete er. Weil er sie aber liebe und wolle, dass es ihr gut geht, halte er sich beim Sex zurück, warte auf sie, auch wenn er selbst schon lange so weit sei. Das sei immer gut gegangen, die Frau war ihm dankbar – nur jetzt habe sich dieses Problem eingestellt. Ob das etwa damit zusammenhänge?

Allerdings. Es gibt sogar einen, nun ja, Fachbegriff dafür, einen, den der Volksmund geprägt hat: Was im Englischen deftig »Blue Balls Syndrome« genannt wird, also ungefähr »Blaue-Eier-Krankheit«, heißt im Deutschen sehr viel eleganter Kavaliers- oder Bräutigamsschmerzen. Denn der Kavalier, so die Meinung zu Zeiten, als es noch Kavaliere gab, der Kavalier hält sich galant zurück und lässt der Frau beim Orgasmus den Vortritt. Und der Bräutigam muss bis zur Hochzeitsnacht warten, bis er der Liebe zu seiner Frau endlich auch körperlichen Ausdruck verleihen darf, und handelt sich als Dank dafür auch noch Schmerzen ein.

Ebenfalls volkstümlich ist die Erklärung, die unter dem schlichten Namen »Samenstau« daherkommt: Der Körper des Mannes produziere unablässig Samen und Sperma, die gelegentlich in die Welt hinausmüssten, sonst sei das ungesund und schmerzhaft. Das ist natürlich Quatsch – nicht verbrauchtes Sperma wird vom Körper einfach wieder abgebaut, da ist nichts, was sich stauen könnte, sonst müssten ja Männer, die notgedrungen oder freiwillig auf Sex verzichten, irgendwann einmal untenrum explodieren.

Der wahre Grund für die Kavaliersschmerzen ist ein anderer. Wird der Mann erregt, dann erweitern sich die Blutgefäße in seinem Genitalbereich, mehr Blut strömt hinein und sorgt so unter anderem für die Erektion. Aber auch der Hodensack wird stärker durchblutet. Man könnte sagen: Der Körper konzentriert all seine Stärke dort, wo sie gerade benötigt wird. Der Orgasmus und die meistens damit einhergehende Ejakulation sind dann sozusagen das Signal dafür, dass der Alarm nun vorüber ist: Das Blut verlässt Penis und Skrotum und wendet sich wieder anderen Aufgaben zu, die Erektion lässt nach.

Wenn aber nun diese Entwarnung fehlt, wenn es nicht zum Orgasmus und nicht zur Ejakulation kommt – dann weiß der Körper nicht, dass alles vorbei ist, dass er wieder in den Normalzustand zurückkehren kann. Und so bleibt der Genitalbereich im Alarmzustand, voller Blut, was schließlich zu Schmerzen führt.

Da war der Patient dann doch einigermaßen erstaunt, als ich ihm diese Zusammenhänge erklärt hatte. Weil er aber gerade dabei war, fragte er gleich noch, ob denn das mit dem Humbler auch zum Problem beitragen könne. Nun musste ich mir erst einmal erklären lassen, was das denn sei. Kurz gesagt: nichts, was sich ein normal denkender Mensch freiwillig antun würde.

Der Humbler, so erfuhr ich, ist ein Gerät aus der Sadomaso-Szene und wird auch »Hodenpranger« genannt. Es besteht aus zwei Leisten, die an den Enden mittels Schrauben verbunden sind. In der Mitte ist ein Loch durch beide Leisten gebohrt. Die Schrauben werden geöffnet, der Hodensack durch das Loch geschoben, dann wird das Ganze wieder verschlossen. Nun liegen die Leisten hinten an seinen Oberschenkeln – was zur Folge hat, dass sich der Mann nicht mehr rühren kann, er muss auf allen vieren knien, und wenn er versuchen würde aufzustehen, liefe er Gefahr, dass seine Balls nicht nur blau anlaufen, sondern abgerissen werden.

Dieses Höllengerät also hatte sich der Mann mit seiner Frau zugelegt, weil sie meinten, das könnte ihm wieder zu einer kräftigen Erektion verhelfen – was nicht ganz ausgeschlossen ist, denn das Teil dürfte ähnlich wirken wie ein Cockring, der ja auch das Blut zurückhält. Bei ihm war es allerdings in höchstem Maße kontraproduktiv, denn sein Problem war ja gerade, dass das Blut seinen Penis und seinen Hodensack eben nicht verließ, wenn es sollte.

Medikamente brauchte der Mann keine – ich riet ihm nur, ein paarmal für eine gescheite Ejakulation zu sorgen, damit die aus dem Gleichgewicht geratenen Mechanismen des

Körpers sich wieder ausbalancieren konnten. Der zweite Rat kam mir, als ich ihn aussprach, fast ein bisschen frauenfeindlich, machohaft vor, was er aber, nicht nur in der Situation meines Patienten, eigentlich gar nicht war: Er solle doch beim Sex nicht immer nur an die Frau denken, sondern rechtzeitig auch an sich.

KOMM BITTE SPÄTER

Würde man eine Umfrage unter Männern starten, was denn ihre größten Ängste beim Sex sind, ich glaube, das Ergebnis wäre ziemlich eindeutig: keinen hochzubekommen! Dann aber dürfte gleich der frühzeitige Samenerguss kommen. Es ist fast schon ein Gesetz, dass der Mann in der Lage sein muss, seinen Orgasmus so lange hinauszuzögern, bis die Frau mindestens einmal, besser mehrfach zu ihrem Recht gekommen ist. Wer das nicht schafft, der ist sicher notgeil, hat keine Erfahrung, ist ein Frischling im Bett und sowieso zu nichts zu gebrauchen. Übersehen wird dabei oft, dass die Ejaculatio praecox nicht nur 15-jährige Knaben bei ihrer Entjungferung überfällt, sondern dass sie ein durchaus ernst zu nehmendes Krankheitsbild auch erwachsener Männer darstellt. Es gibt dafür sogar eine medizinische Definition: Alles unter zwei Minuten vom Eindringen in die Vagina bis zum Orgasmus ist praecox. Andere Beschreibungen zählen die Zahl der Beckenstöße, sieben sollten es mindestens sein. Hierbei zeigt sich allerdings wieder einmal die Unzulänglichkeit starrer

Regeln – ein Quickie in der Umkleidekabine des Kaufhauses dürfte wohl kaum länger dauern, ist aber hoffentlich für beide Seiten ein befriedigendes Erlebnis. (Und nein, das ist keine Aufforderung, das mal auszuprobieren. Erstens werden die Kabinen meistens durch Kameras überwacht, zweitens ist es strafbar.) Gangbarer erscheint jene Definition, die die Partnerin mit einbezieht: Wenn es ihr aufgrund der Eile ihres Mannes dauerhaft nicht möglich ist, zum Orgasmus zu kommen, dann sollten die beiden sich um das Problem kümmern.

Das Problem wird also dann zum Problem, wenn es immer auftritt, d. h., wenn der Mann überhaupt keine Kontrolle über den Zeitpunkt seines Orgasmus hat. Momentan saß dieses Problem in Person eines 27-jährigen Medizinstudenten vor mir. Als er mir seine Freundin beschrieb, mit der er seit acht Wochen zusammen war, konnte ich mir allerdings vorstellen, dass es schnell ging bei ihm: eine hellblonde Schwedin, genau so, wie Männer sich hellblonde Schwedinnen vorstellen. Allerdings sagte er, dass es nicht an ihr liege, er habe auch bei früheren Partnerinnen sein Sperma nicht halten können.

Es gibt im Großen und Ganzen vier Methoden, gegen die vorzeitige Ejakulation anzugehen: In manchen Fällen hilft es den Männern, vor einem erwarteten Geschlechtsverkehr zu onanieren, also sozusagen »Druck aus dem Kessel« zu nehmen. Bestimmte Medikamente aus der Familie der Psychopharmaka tun auch ihren Dienst, haben allerdings zwei Nachteile: Um zu wirken, müssen sie zwei bis drei Stunden vor dem Akt eingenommen werden, worunter die doch wünschenswerte Spontaneität sehr leiden kann. Außerdem sind sie ziemlich teuer, eine Tablette kostet ungefähr zehn Euro. Daneben gibt es die Möglichkeit einer Art lokaler Betäubung – Cremes, die auf den Penis aufgetragen werden und seine Empfindlichkeit herabsetzen.

Die Tabletten waren dem Studenten zu teuer, die lokale Betäubung fand er unerotisch. Also erklärte ich ihm die dritte Methode, die wiederum zwei Spielarten kennt. Es handelt sich bei beiden um so etwas wie eine Physiotherapie für den Penis. Bei der ersten Variante stimuliert die Frau ihren Partner bis kurz vor dem Orgasmus – und unterbindet diesen dann, indem sie im Dammbereich oder an der Peniswurzel auf eine bestimmte Stelle Druck ausübt. Das kann allerdings zu Schmerzen führen. Interessanter fand mein Patient die zweite Möglichkeit.

Sie trägt den Namen »Stop-Start-Methode«. Dazu muss der Patient zunächst beim Onanieren herausfinden, wo sein »Point of no Return« liegt – wie es sich also anfühlt, wenn er so nahe dem Orgasmus ist, dass er nicht mehr abbrechen kann. (Wie überhaupt einige Wissenschaftler meinen, die Ejaculatio praecox habe ihre Ursache darin, dass der Mann mit dem Verlauf seiner Erregung bis zum Orgasmus nicht vertraut ist und sie deshalb auch nicht steuern kann.) Wichtiger jedoch ist der eine kleine Moment davor – die Sekunde, wo es gerade noch aufhört, wenn er aufhört. Ist sich der Mann darin sicher, kommt die Partnerin ins Spiel. Ich empfehle dabei, optische Reize, wie sie eine hellblonde Schwedin sicher zu bieten hat, auszuschalten und deshalb dem Mann die Augen zu verbinden. Dann soll sie sich auf ihn setzen, langsam seinen Penis in ihre Scheide aufnehmen und sich sanft bewegen. Der Mann achtet auf seinen Körper und gibt der Partnerin rechtzeitig ein Zeichen, woraufhin sie ihre Bewegungen stoppt. Man wartet eine Minute und beginnt von Neuem. Erst wenn der Mann seinen Orgasmus fünfmal verhindert hat, darf er beim sechsten Mal kommen. Diese Methode ist also eine Art Konditionierung, ein Erlernen des richtigen Moments durch Übung. Wer das unromantisch findet, kann sich nur glücklich schätzen, dass er offenbar noch nie vor diesem Problem gestanden ist.

Der Student und seine Freundin – die mittlerweile dazugekommen war – hörten begeistert zu; sie sahen aus, als wollten sie den ärztlichen Rat sofort nach dem Nachhausekommen ausprobieren. Ich wünschte ihnen viel Erfolg und bat sie, in vier Wochen wiederzukommen. Den Hinweis, für den Erfolg der Methode sei es notwendig, dreimal die Woche zu üben, ersparte ich mir – dazu mussten sie ganz offensichtlich nicht aufgefordert werden.

Einen Monat später kamen sie wieder, voller Begeisterung. Nicht nur der Zeitpunkt seines Samenergusses habe sich gebessert – die Übung habe ihren Sex insgesamt auf ein neues Niveau gehoben. Der Mann sagte, die Augenbinde gebe ihm ein angenehmes Gefühl des Ausgeliefertseins und steigere seine Lust, aber auch seine Konzentration erheblich. Sie meinte, der Zwang, sich im Zaum zu halten, immer wieder aufzuhören, auch wenn sie eigentlich davonreiten möchte, beschere ihr Orgasmen wie noch nie. Und noch etwas Tolles müssten sie mir erzählen …

In ihrer Freizeit gingen die beiden nämlich gerne Tangotanzen. Dabei hatten sie ein anderes Paar kennengelernt, er aus Ghana, sie Kubanerin. Nach einer durchtanzten Nacht, als alle viel zu aufgedreht waren zum Schlafen, seien sie noch alle vier in seine Wohnung gegangen. Dort seien sie, wie auch immer, auf das – frühere – Problem des Mannes zu sprechen gekommen und auch, wie er »geheilt« worden war. Die Kubanerin war gleich ganz begeistert und musste ihren Freund nicht lange überreden zu ihrem Vorschlag, das jetzt gleich mal auszuprobieren. Also zogen sich die beiden aus, er legte sich nackt auf den Boden, sie setzte sich auf ihn. Was dann zu sehen war, fand allerdings nicht das Gefallen der beiden Spezialisten für Stop-and-Start – viel zu schnell war die Frau unterwegs und schaffte es nicht, ihren Schoß ruhig zu halten, wenn sie sollte.

Als alle mündlichen Anweisungen nichts fruchteten, beschlossen der Student und die Schwedin: Wir zeigen euch, wie's geht. Und so lagen schließlich beide Paare nebeneinander, und die Frauen ließen langsam ihre Becken kreisen.

Das Erlebnis muss überwältigend gewesen sein – so überwältigend, dass die vier es eine Woche später, nach dem nächsten Tanzabend, gleich noch einmal wiederholten. Dieses Mal wagte mein Patient den Vorschlag, man könne doch die Frauen tauschen, und das mit den verbundenen Augen, das war beim letzten Mal ja vergessen worden. Zudem wurde dadurch der Kick für die Männer hinzugefügt, nicht zu wissen, mit wem man gerade verkehrte. Sie berichteten aber auch schmunzelnd, dass die angestrebte Ejakulationskontrolle dadurch nicht gerade gefördert werde.

So hatten die vier nun neben dem Tango ein weiteres gemeinsames Hobby. Weil ich Arzt bin, konnte ich es mir nicht verkneifen, sie darauf hinzuweisen, beim Partnertausch doch unbedingt Kondome zu verwenden. Dieser Vorschlag wurde besonders von der Schwedin begrüßt, die bereits einige Male hatte erleben müssen, dass der Ghanaer in ihr kam, weil er aufgrund der verbundenen Augen angeblich immer dachte, dass seine kubanische Freundin mit ihm spiele. Ansonsten blieb mir also nichts, als ihnen zum Therapieerfolg zu gratulieren und alles Gute zu wünschen.

GYROS FÜR ALLE

Gyros, Souflaki, Moussaka – wer geht nicht gerne griechisch essen? Dazu noch das köstliche Zaziki aus Joghurt und Gurken, dessen hoher Knoblauchanteil dafür sorgt, dass nicht nur der Esser noch länger etwas von dem Mahl hat. Eine 37-jährige Frau war zwar nicht wegen schlechten Mundgeruchs in meine Praxis gekommen. Mit ihrem griechischen Wirt hatte das Problem allerdings durchaus etwas zu tun.

Sie stammte aus Finnland und arbeitete in München. Vor mir klagte sie über Schmerzen beim Geschlechtsverkehr, sie habe gehört, dass in solchen Fällen Viagra auch bei Frauen helfen könne, ob ich ihr nicht etwas verschreiben könne. Nun ist es richtig, dass auf sexualmedizinischen Kongressen die Wirkung der PDE-5-Hemmer, zu denen auch Viagra gehört, bei Frauen diskutiert wird. Aber mittlerweile ist bekannt, dass sie weder auf Orgasmusfähigkeit noch auf dessen Qualität einen Einfluss haben, und auch die Libido wird nicht gesteigert. Durch die Erhöhung der Durchblutung, die das Medikament bewirkt, ist es jedoch möglich, dass die Bartholinischen Drüsen angeregt werden – sie sind verantwortlich dafür, dass die Scheide der Frau im erregten Zustand feucht wird, was den Geschlechtsverkehr erst möglich macht. Sollten die Schmerzen meiner Patientin also daher rühren, dann hätte man an eine Verschreibung zumindest denken können. Dazu musste ich sie aber erst einmal untersuchen.

Der Augenschein ergab nichts Auffälliges – außer dass die Schamlippen stark gerötet und wohl auch ein wenig entzündet waren. Ich machte einen Abstrich und vereinbarte einen zweiten Besuch ein paar Tage später. Bis dahin war der Laborbefund eingetroffen, und er zeigte etwas Merkwürdiges, nämlich drei verschiedene Keimarten gleichzeitig. Wenn sich eine Frau beim Geschlechtsverkehr mit ihrem Partner infiziert, dann trägt der normalerweise nur eine Sorte Erreger mit sich herum. Mehrfachbefall findet sich hingegen häufiger bei der Verwendung von Sexspielzeug. Das war folglich auch meine erste Frage an die Patientin. Sie verneinte, zögerte dabei aber deutlich. Seit etwa vier Monaten, fing sie dann an, habe sie allerdings ein anderes Laster.

Ihr Lieblingsgrieche war gleich bei ihr um die Ecke, gerne kehrte sie dort ein, auch weil der Wirt – wir wollen ihn Costas nennen – sehr charmant war und wohl auch ein bisschen auf sie stand. So war es kein Wunder, dass sie ihren Geburtstag mit allen Freunden in dem Lokal feierte. Als sie allerdings die Rechnung sah, wäre sie fast aus den Schuhen gekippt, es war deutlich mehr, als sie geplant hatte. Also fragte sie Costas, ob sie anschreiben lassen könne. Der willigte zunächst ein. Und weil das gar so praktisch war, gewöhnte sie sich an, bei ihren häufigen Besuchen nicht mehr zu bezahlen, sondern es zu den bereits vorhandenen Schulden dazurechnen zu lassen.

Das ging einige Zeit gut – irgendwann aber stand auf dem »Deckel« eine vierstellige Summe, und Costas erklärte ihr, dass er langsam mal das Geld brauche. Zwar verdiente sie ganz gut, aber das alles auf einmal zu bezahlen ging nun doch über ihre Möglichkeiten. Da machte ihr Costas ein unmoralisches Angebot: Wenn sie mit ihm schlafen würde, würde er die Schulden vergessen.

Die Frau reagierte, wie wohl jede Frau reagiert hätte, und wies das Ansinnen empört zurück. Zwei Wochen später lag eine Rechnung im Briefkasten, da wusste sie, dass Costas ernst machte. Auf dem Konto war immer noch nicht ausreichend Geld, also dachte sie: Augen zu und durch, ging zu Costas und sagte ihm, dass sie auf sein Angebot eingehen wolle. Der war nun aber plötzlich gar nicht mehr charmant und meinte nur, mittlerweile sei der Tarif gestiegen – sie müsse nicht nur mit ihm, sondern auch mit einem Freund schlafen. Wohl war ihr nicht dabei, aber die Schulden drückten, also wurde ein »Date« für den nächsten Abend vereinbart. Costas sagte noch, dass sein Freund anonym bleiben wolle, deshalb werde er ihr die Augen verbinden.

Ich weiß nicht, wie der Abend darauf ablief, ob sie sich Mut antrank, vielleicht verstohlen die Gäste im Lokal musterte, wer der ominöse Freund denn sein könnte. Jedenfalls wurde es ein Uhr, das Restaurant leerte sich, nun konnte sie nicht mehr zurück. Sie verband sich die Augen und wartete auf einem der Wirtshaustische auf die Männer. In dem ersten erkannte sie Costas – er war nicht sehr zärtlich fiel mehr über sie her, was allerdings den Vorteil hatte, dass er schnell fertig war. Nach kurzer Zeit kam der zweite Mann, und der war ganz anders: sanft und einfühlsam, sie genoss den Sex richtig und kam sogar zum Orgasmus, wohl auch, weil der Reiz des Unbekannten ihr einen zusätzlichen Kick verlieh. Als alles vorbei war, nahm sie die Augenbinde ab, sah aber nur den leeren Raum und die Eingangstür, die Costas für sie offen gelassen hatte.

Es hört sich merkwürdig an, aber sie konnte den zweiten Mann nicht vergessen und dachte ständig an seine Zärtlichkeiten. Costas nach dem Namen zu fragen traute sie sich nicht – es war ja Anonymität vereinbart worden. Aber sie kam auf eine andere Idee: Ob man das denn nicht öfter machen könne, fragte sie den Wirt, Essen gegen Sex? Der lehnte für seine Person ab – seine Frau sei ihm auf die Schliche gekommen, er habe Stress zu Hause. Dann aber entpuppte er sich als echter Schweinehund: Er habe genügend Freunde, wenn sie wolle, könne er ja mit denen etwas organisieren.

Ob sich Costas von seinen »Freunden« wohl bezahlen ließ für die Gelegenheit, die er ihnen verschaffte? Dann wäre er nicht nur ein Schweinehund, sondern auch ein Zuhälter. Die Frau konnte nun jedenfalls immer bei ihm essen, ohne zu bezahlen. Alle zwei Wochen aber bestellte er sie für den späten Abend ein, verband ihr die Augen, und sie wartete auf dem Wirtshaustisch auf die zwei Männer, die sich dieses Mal an ihr befriedigen würden. Überflüssig zu sagen, dass der Zärtliche vom ersten Mal nie mehr dabei war.

Ich war nach dieser Schilderung einigermaßen entsetzt – nicht aus moralischen Gründen, sie war eine erwachsene Frau und konnte selbst für sich entscheiden, aber sie gestand mir, dass keiner der Männer jemals ein Kondom trug, und das war von beiden Seiten mehr als unverantwortlich. Das sagte ich ihr auch mit deutlichen Worten, und sie versprach, von nun an auf diesen Schutz zu bestehen. Die Entzündung, deretwegen sie zu mir gekommen war, war kein Problem, sie war mit Medikamenten in wenigen Tagen in den Griff zu bekommen. Dann ließ ich sie gehen und fragte mich insgeheim, ob denn Costas' Gyros wirklich so lecker sein konnte, dass sie das auf sich nahm.

Ein paar Monate später saß die Frau wieder in meiner Praxis, wegen anderer Beschwerden diesmal. Aber natürlich wollte ich wissen, ob denn ihr merkwürdiges Arrangement mit dem Wirt weiterbestehe. Nein, sagte sie und erzählte dann, warum sie nicht mehr bereit war, Costas' angeblichen Freunden zur Verfügung zu stehen: Seit meinem Rat, Kondome zu benützen, hatte sie stets darauf bestanden. Einmal jedoch spürte sie, dass der Mann, der gerade an ihr zugange war, keinen Gummi übergestreift hatte. Das machte sie fuchsteufelswild, so wild, dass sie die Augenbinde herunterzog, um den Typen zur Rede zu stellen. Und der war nun überhaupt kein Traumboy: klein, schmerbäuchig, ungewaschen und schlecht rasiert. Was immer sie sich auch zusammenfantasiert hatte, um die eigentlich entwürdigende Situation für sich erträglich, vielleicht sogar prickelnd zu machen – auf brutale Weise musste sie nun erkennen, dass nichts davon gestimmt hatte. Das war das letzte Mal, dass sie in ihrem Lieblingslokal Sex hatte. Von da an bezahlte sie ihr Essen wieder in bar, wenn auch vermutlich in einem anderen Restaurant.

WIE VIEL IST GENUG?

Wovon lassen wir uns beeinflussen? Was prägt unser Bild von Sexualität, wer sind unsere Rollenvorbilder, wem glauben wir, wenn es darum geht, was guter, befriedigender, »richtiger« Sex ist? Zahllos sind die Modelle, die uns in Illustrierten und im Fernsehen angeboten werden. Lauter junge, starke, gut aussehende Menschen bekommen wir gezeigt, die nicht müde werden zu versichern, dass sie zu jeder Tages-, Nacht- und Jahreszeit stets nur den allergroßartigsten Sex praktizieren. Beziehungsprobleme gibt es dort nicht, Stress in der Arbeit auch nicht und Pickel auf der Nase schon gleich gar nicht – all die Sachen, die, banal oder bedeutend, im Alltag oft vor der Lust stehen wie der Türsteher vorm Discoeingang: Du kommst hier nicht rein. Ach, wären wir doch nur alle so wie Samantha Jones aus »Sex and the City« – trotz durchaus fortgeschrittenen Alters stets bereit, den Poolboy abzuschleppen, den Barkeeper oder wer halt sonst gerade so bereitsteht zur Befriedigung der nie versiegenden Begierde.

Die junge Frau auf dem Stuhl vor meinem Schreibtisch war 21 Jahre alt, attraktiv, und sie beschwor mich, ihr zu helfen, sie zu heilen, denn sonst sei alles verloren. Wo das Problem denn liege, wollte ich wissen. Es sei so, sagte sie, dass sie ihren Freund zwar liebe, dass er aber leider nicht in der Lage sei, sie angemessen zu befriedigen. In nackten Zahlen bedeutete das: Er schaffe es pro Liebesakt nur, sie höchstens fünfmal zum Orgasmus zu bringen. Dabei wisse doch jeder, dass achtmal das Allermindeste sei, weniger als acht, das könne, das dürfe nicht sein. Dieser Meinung seien auch ihre Freundinnen, die noch von ganz anderen Zuständen der Verzückung zu berichten wüssten.

Zwei Gefühle versuchte ich vor ihr zu verbergen: zum einen ein Lächeln über ein offensichtliches Luxusproblem – zum anderen auch Mitleid mit dem armen Kerl, der sich sicher mehr anstrengte als die meisten anderen Männer, nur um hinterher stets zu hören, dass es wieder nur für fünf Höhepunkte gereicht habe. Die Frau war aber tatsächlich verzweifelt und schilderte, was sie mit ihrem Freund schon alles veranstaltet hatte, um die ihrer Meinung nach unbefriedigende Orgasmusquote anzuheben. Diverse Spiele und Spielzeuge waren bereits zum Einsatz gekommen, und als das alles nichts half, hatten sie sich mit einem befreundeten Paar zum Partnertausch getroffen. Der Vierer war allerdings auch ein rechter Reinfall gewesen – sie wie ihr Freund waren viel zu eifersüchtig und beobachteten argwöhnisch, was der andere jeweils mit dem fremden Partner veranstaltete. Eine Erkenntnis wenigstens hatte diese Aktion gebracht: Es musste an ihr liegen, denn der andere Mann hatte ihr sogar nur drei Orgasmen verschafft, ihr Freund also war nicht schuld. Dennoch: Wenn es mir nicht gelänge, sie zu heilen, sie gesund und so orgasmusfähig zu machen, wie es ja wohl der Normalfall sei, dann müsse sie ihn verlassen und einen Mann suchen, der besser zu ihr passe, der sie also, das war die Messlatte, achtmal hintereinander befriedigen könne.

Um auszuschließen, dass hinter dem Problem der Patientin wirklich eine körperliche Ursache versteckt war, untersuchte ich sie auf die übliche Art und Weise, auch ihren Hormonstatus, denn gelegentlich kommt es vor, dass ein erhöhter Testosteronwert bei Frauen zu übersteigertem Sexualtrieb führt. Dabei kam jedoch heraus, dass alles völlig normal war – das Problem der jungen Frau lag offensichtlich nicht zwischen den Beinen, sondern zwischen den Ohren. Mein Vorschlag, sie solle doch ihre Freundinnen mit den multiplen Superorgasmen mal mit in die Sprechstunde bringen, lehnte sie ab, ebenso das Angebot, mal mit einem mir bekannten Psychologen zu sprechen: In ihrem Kopf sei alles richtig, das Problem müsse weiter unten zu finden sein. An seriöser Aufklärung war sie nicht interessiert – keinesfalls wollte sie mir glauben, dass manche Frauen froh seien, einmal pro Akt zum Orgasmus zu kommen. Das sei ja wohl nicht realistisch, entgegnete sie, ihre Erfahrung und die aller ihrer Freundinnen sprächen eine andere Sprache. So musste ich ihr sagen, dass ich nichts für sie tun könne, und entließ sie mit einem merkwürdigen Gefühl in der Magengegend.

Ein paar Wochen später traf ich die Patientin in der Stadt. Sie erzählte mir, dass sie ihren Freund für einen anderen verlassen habe, dass sie aber überlege, zu ihm zurückzukehren, denn der Neue sei im Bett auch nicht besser. Ich dachte auf dem Heimweg lange darüber nach, wie denn solche falschen Erwartungen in einem Menschen entstehen können, Erwartungen, die in diesem Fall nicht nur das sexuelle Erlebnis entwerten, sondern vielleicht sogar das Glück mit einem geliebten Mann verhindern. Ich denke bis heute, dass man sich Samantha Jones als unglücklichen Menschen vorstellen muss.

EIN BESONDERER SEKT

Vorsorgeuntersuchungen sind grundsätzlich etwas Gutes – ab und zu zum Arzt zu gehen und beispielsweise das Krebsrisiko abklären zu lassen, hilft, Erkrankungen früher zu erkennen und sie dann auch erfolgsversprechender therapieren zu können. Aber auch bei unspezifischen Routinekontrollen kann dem Mediziner etwas auffallen, was vielleicht behandelt oder zumindest beobachtet werden sollte. Das hat nichts mit Hypochondrie zu tun, mit dem »eingebildeten Kranken« – warum sollte der Gesunde erst dann ärztliche Hilfe in Anspruch nehmen, wenn er bereits Symptome spürt, das Leiden also schon begonnen hat? Viel besser ist es doch, vorher schon nachschauen zu lassen, vielleicht ein paar Tipps zu bekommen für ein gesundes Leben – und die Sprechstunde mit dem guten Gefühl zu verlassen, dass alles in Ordnung ist.

Trotzdem war das Anliegen dieser Patientin merkwürdig: Sie wollte einen kompletten Urin- und einen kompletten Bluttest, vor allem auf Infektionskrankheiten, auch Hepatitis, HIV und so weiter. Nein, Probleme habe sie keine, auch keine Beschwerden, es sei einfach ihr Wunsch. Also nahm ich ihr Blut ab, sie gab mir eine Urinprobe, und als die Laborergebnisse ein paar Tage später eintrafen, genügte es, sie anzurufen: Es war alles in Ordnung. Zehn Tage später jedoch saß sie schon wieder vor mir und verlangte dasselbe Programm ein weiteres Mal. Auch dieses Mal gab es keinen Befund, ich bestellte sie aber trotzdem in die Praxis, weil ich wissen wollte, was da los war.

Die Frau war 28 Jahre alt, eine gut aussehende Sportlehrerin. So rot allerdings, wie sie auf meine direkte Frage nach dem Grund dieser eigentlich unnötigen Untersuchungen wurde, habe ich selten jemand rot werden sehen. Sie schämte sich ganz offensichtlich, und die erste Antwort konnte beileibe nicht die ganze Wahrheit sein: Sie habe einen Freund, der sei sehr viel älter als sie, zudem ein bisschen prominent. Er wohne in einer anderen Stadt, und wenn er sie besuche, dann wolle sie sicher sein, dass sie ihm nichts anhängen würde, das könnten sie sich nicht leisten.

Das hörte sich zunächst nach einer verantwortungsvollen jungen Frau an, wenn auch vielleicht etwas übervorsichtig: Für einen monogam lebenden Menschen ohne außergewöhnliche Vorlieben ist die Wahrscheinlichkeit nicht sehr groß, sich eine sexuell übertragbare Krankheit einzufangen – jedenfalls nicht so groß, dass man sich vor jedem Geschlechtsverkehr untersuchen lassen müsste. Behutsam fragte ich weiter, und endlich erzählte sie mir die ganze Geschichte.

Ihr Freund nämlich hatte durchaus eine außergewöhnliche Vorliebe: »Natursekt«, flüsterte sie verschämt, aber ich wusste natürlich, was das bedeutete: Er liebte es und es erregte ihn, wenn sie auf ihn, in sein Gesicht, in seinen Mund urinierte. Natürlich sei sie etwas konsterniert gewesen, als er sie zum ersten Mal darum bat. Mittlerweile aber habe sie sich daran gewöhnt und tue ihm den Gefallen.

Es ist gar nicht ungewöhnlich, dass sie mit niemandem darüber reden konnte – sollte sie zu ihrer besten Freundin sagen: »Er steht total darauf, wenn ich ihn anpinkle«? Umso erleichterter war sie offensichtlich jetzt, dass ich ihr zuhörte und natürlich in keiner Weise eine Wertung abgab: Wenn zwei Menschen an so etwas Spaß haben, wer möchte es ihnen verbieten? Es lief in der Regel so ab, erfuhr ich, dass er sich telefonisch ankündigte und sie bat, ja nicht mehr auf Toilette zu gehen. Auch wenn er sie dann zum Essen oder in eine Bar ausführte, musste sie sich das Wasserlassen verkneifen. Das sei, gestand sie, zwar einerseits manchmal unangenehm, andererseits turne es sie schon auch an. Wenn sie dann zu Hause seien, befriedige er sie zunächst oral – und dann drücke er auf ihre übervolle Blase, und es dürfe endlich rinnen. Dabei stehe oder knie sie über seinem Gesicht und versuche, sich seinem Rhythmus anzupassen, also den Urinstrahl in den richtigen Abständen zu unterbrechen, damit er sich nicht daran verschlucke. Das sei ihm sehr wichtig, und wenn es ihr, wie am Anfang, nicht so recht gelinge, dann sei er, nun ja – angepisst.

Urophilie heißt diese Lust am Urin, und das Verlangen, ihn zu trinken, wird als Urophagie bezeichnet. Beide Abarten haben unter den »nicht näher bezeichneten Störungen der Sexualpräferenz«, einem Teil der »Internationalen statistischen Klassifikation der Krankheiten und verwandter Gesundheitsprobleme«, eine eigene Schlüsselnummer, nämlich die F65.9. Die Sexualmedizin ist sich aber einig darin, dass die Betroffenen meistens keiner Behandlung bedürfen, es sei denn, ihr Interesse wäre ausschließlich darauf gerichtet und sexuelle Erregung ohne diesen Fetisch nicht möglich, was die Patienten dann zumeist auch einem starken Leidensdruck aussetzt. Über die Zahl der Urophilen gibt es keine gesicherten wissenschaftlichen Erkenntnisse – sie dürfte nicht sehr hoch sein, und die wenigen Betroffenen werden nicht gerade begierig danach sein, sich zu erkennen zu geben und statistisch erfasst zu werden.

Was die Ängste meiner Patientin betrifft, so konnte ich sie beruhigen: Der Urin eines gesunden Menschen ist fast keimfrei, es finden sich nur ein paar Bakterien darin, die in der Harnröhre jedes Menschen leben und deshalb gesundheitlich unbedenklich sind. Eine Übertragung von HIV durch Urin ist praktisch ausgeschlossen. Gefährlicher könnte eine Infektion mit Hepatitis A sein, bei der sich im Urin eine hohe Erregerzahl findet. Und Urin von Menschen, die regelmäßig Medikamente nehmen, sollte man auch nicht trinken. Sollte eines dieser Risiken auf meine Patientin zutreffen, dann würde ihr Freund es aber wahrscheinlich als Erster merken: Der Urin eines kranken Menschen schmeckt nämlich anders als der eines gesunden.

DER SCHNIPPLER

Dass Frauen nach der Geburt eines Kindes erst einmal keine Lust auf Sex haben, das ist durchaus normal: Sie haben zunächst genug damit zu tun, sich in ihrer neuen Rolle als Mutter zurechtzufinden, und auch der Schlafmangel ist nicht gerade lustfördernd. Hinzu kommt die Umstellung des Hormonhaushalts nach der Geburt. Die Männer können da nicht sehr viel machen als hoffen, dass diese Zeit auch wieder vorbeigeht. Abraten würde der Arzt hingegen von einer Methode, die sich einer meiner Patienten ausgedacht hatte.

Der mittelamerikanische Diplomat war 53 Jahre alt, verheiratet und hatte zwei Töchter. Nach der Geburt des dritten Kindes, eines Sohnes, war Windstille im Schlafzimmer. Zum einen hatte seine Frau wenig Lust auf ihn. Zum anderen hatte sie durch die Schwangerschaft einiges an Gewicht zugelegt, sodass auch der Ehemann nicht mehr vor heißem Verlangen brannte. Die ganze Situation war mittlerweile an einem Punkt angelangt, an dem sein kleiner Freund wegen Arbeitsmangels seine freudenbringende Funktion zeitweilig ganz eingestellt hatte – nicht einmal zum Masturbieren konnte er sich aufraffen. Deshalb, also wegen Erektionsschwierigkeiten, war der Mann in meine Praxis gekommen, so hatte er es zumindest erklärt.

Als ich begann, ihn zu untersuchen, entdeckte ich ein Desaster in der Hose: Seine ganze Eichel und die völlig verunstalteten Reste seiner ehemaligen Vorhaut waren übersät mit Narben und mehr oder weniger verheilten frischen Schnittwunden. Woher diese Verletzungen kamen, damit rückte der Patient nur langsam heraus. Weil er seine Frau nicht bedrängen wollte, hatte er vor einiger Zeit angefangen, zu Prostituierten zu gehen, zweimal im Monat. Gut katholisch wie er war, rechtfertigte er das vor sich selber damit, dass er so seiner Ehe und seiner Gemahlin helfen würde, indem er das leidige Thema sozusagen aushäusig erledigte. Bei den Bezahldamen hatte er auch keine Erektionsprobleme – allerdings wegen einer Methode, die seinen Penis mittlerweile zu diesem malträtierten und verstümmelten Organ gemacht hatte, das ich gerade fassungslos betrachtete.

Vor einiger Zeit hatte sich der Mann zu Hause im Badezimmer die Schamhaare rasiert, war dabei mit der Schere abgeglitten und hatte sich versehentlich in die Vorhaut geschnitten. Was für die meisten Männer eine Vorstellung aus dem Vorhof der Hölle ist, bereitete ihm jedoch merkwürdigerweise Lust. Und daran erinnerte er sich bei den Bordellbesuchen.

Er brachte seitdem immer eine kleine Nagelschere dorthin mit. Seine Freude, seine Erregung, seine Erektion und letztlich seinen Orgasmus erhielt er durch die Vorstellung, sich nach dem Akt bestrafen zu dürfen: Mit der Schere säbelte er sich hinterher ein kleines Stück Vorhaut weg, nie sehr viel, aber doch genügend, um zu bluten. Zur Versorgung der

Wunde hatte er eine Kompresse dabei, was aber natürlich den fortschreitenden Verfall seines besten Stückes nicht aufhalten konnte.

Für ihn, so sagte er mir, war diese Selbstverstümmelung die Belohnung, und man kann nur mutmaßen, welchen Anteil rigide katholische Sexualmoral daran hatte, zu der auch gehört, die eigene Frau auf einen Sockel zu stellen, zumal als Mutter der Kinder: die reine, edle Frau, mit der man doch keinen hemmungslosen, schmutzigen Sex mehr haben kann – dazu gehörte auch, dass er zu Hause, bei seiner Frau, nie im Leben auf die Idee gekommen wäre, seinen Penis mit einer Schere zu malträtieren. Das ging nur bei der Hure, die ja sowieso auf tiefstem moralischen Niveau stand – da konnte er es sich auch erlauben, sich seiner Obsession hinzugeben, denn sich deswegen über ihr zu erheben, das stand der Dame ja wohl nicht zu. Dass er durch dieses Vorgehen seine Sexualität abspaltete, sich in ein fast schon schizophrenes Verhältnis zwischen bravem Ehemann und masochistisch veranlagtem Lüstling begab – das kam ihm nicht in den Sinn.

Was also tun? Ich versorgte die Wunden, um Entzündungen vorzubeugen, verordnete ihm Kamillebäder und verschrieb Viagra. Dadurch, so die Hoffnung, würde er vielleicht wieder mit seiner Frau schlafen können und so den Weg zum »normalen« Sex zurückfinden.

Diese Hoffnung erfüllte sich leider nicht. Als er zwei Wochen später zur Nachuntersuchung kam, waren die Wunden zwar einigermaßen verheilt. Die Potenzpillen hatten jedoch keine Wirkung gezeigt. Mein Vorschlag, doch einmal mit einem Psychologen über sein Problem zu reden, wies er entrüstet zurück. So blieb mir nur übrig, ihm wenigstens zu zeigen, wie man eine Nagelschere fachgerecht desinfiziert.

LMAA

Das Götz-Zitat hat es in die Hochliteratur geschafft, in Schillers gleichnamiges Drama und in die Alltagssprache, wo es ein grobes Schimpfwort und Ausdruck höchster Verachtung ist. Es gibt jedoch mehr als genug Leute, die die darin enthaltene Aufforderung überhaupt nicht abfällig meinen, sondern als Bitte um eine gelegentlich sehr stimulierende Sexualpraktik – Anilingus heißt der Fachbegriff, im Jargon spricht man von Rimming: Die Stimulation des Afters mit der Zunge wird von vielen als sehr erregend empfunden, was nicht verwundert, denn dort befinden sich jede Menge Nervenenden.

Der Patient war auf gewissen Umwegen zu mir gekommen: Zunächst hatte er seinen Zahnarzt aufgesucht, denn er litt unter einer sehr unangenehmen Entzündung im Mund; es hatten sich auch schon Aphten gebildet, entzündete Stellen mit einem charakteristischen weißen Rand. Der Zahnarzt hatte sich für nicht zuständig erklärt und dem Mann geraten, zu einem Hautarzt zu gehen – oder zu einem Urologen, wenn das Ganze einen sexuellen Hintergrund habe. Das hatte der Mann zunächst entrüstet zurückgewiesen. Schließlich aber war er doch in meiner Praxis gelandet.

Er war 37 Jahre alt, Busfahrer von Beruf, seit einem Jahr mit seiner Freundin zusammen, 29, Verkäuferin. Oralverkehr praktizierten sie häufig und gerne, gab er gleich zu, da lag es nahe, dass er sich die Erreger der Entzündung in seinem Mund auf diesem Weg geholt hatte. Also musste die Freundin her, um auch sie zu untersuchen. Der Scheidenabstrich brachte ein merkwürdiges Ergebnis: Es fanden sich dort zwar die gleichen Bakterien wie bei ihm, E. coli vor allem – aber in sehr viel geringerer Anzahl. Das legte die Vermutung nahe, dass er der Hauptträger war, nicht sie.

Hygiene und Verhütung, das sind immer wieder die Hauptthemen in der Praxis. Das mit dem Verhüten, sagte die Frau, sei nicht so einfach: Die Pille vertrage sie nicht und Kondome auch nicht, wegen einer Latexallergie. So hätten sie sich angewöhnt, sich hauptsächlich mit Analverkehr zu vergnügen. Dagegen ist eigentlich nichts zu sagen. Allerdings hatten die beiden die Technik noch etwas ausgebaut: Er fand Gefallen daran, nach dem Orgasmus sein Sperma aus ihrem After zu lecken und sie hinterher noch mit der Zunge an ihrer Vagina zu bedienen.

Da hatten wir's. Die Sexualmedizin unterscheidet einen sauberen und einen schmutzigen Anilingus. Beim schmutzigen wird der Hintern so dargeboten, wie er gerade ist. Beim sauberen hingegen wird die Region gründlich gereinigt, und zwar nicht nur äußerlich, sondern auch mit Hilfe einer Darmspülung. (Als ich meine ersten homosexuellen Freunde kennenlernte, hatte ich mich immer gewundert, warum sie vor dem abendlichen Ausgehen immer noch darauf bestanden, sie »müssten noch spülen«. Damit war aber genau das gemeint: Sie bereiteten sich und ihre Hinterregion auf alle Eventualitäten vor, die der Abend so bringen mochte.) Aus Unwissenheit oder weil's gerade so schön ist, verzichten jedoch viele Paare auf diese gründliche Reinigung. Und während die Fäkalbakterien im Enddarm wenig Schaden anrichten, dort sogar teilweise nötig sind, kommt die Mundschleimhaut gar nicht so gut damit zurecht. Zwar finden sich auch dort, in der Mundhöhle, 20 Millionen Bakterien. Die werden aber für gewöhnlich von der antibakteriellen Wirkung des Speichels und dem Immunsystem in Schach gehalten. Wenn die aber nun damit beschäftigt sind, eine Infektion abzuwehren, haben sie nicht mehr genügend Kapazität, auch den ganz normalen Rest zu beherrschen. Und so kam es bei meinem Patienten zur Mundfäule, die nicht nur schmerzhaft ist, sondern auch auf andere Weise lästig: Sie verursacht einen äußerst hässlichen Mundgeruch; die Freundin des Patienten sagte mir dann auch, dass sie sich schon lange nicht mehr küssten, weil er so aus dem Mund stank.

Die Entzündung selbst war mit Antibiotika und Spülungen relativ schnell in den Griff zu bekommen. Und nach meiner Belehrung dürfte den beiden auch klar gewesen sein, was die Frau zu tun hatte, bevor sie ihren Liebsten mit dem Götz-Zitat zum Sex aufforderte: zuerst mal das Badezimmer aufsuchen.

BÄUMCHEN, BÄUMCHEN, WECHSEL DICH

Was macht der Arzt, wenn er einen Patienten diagnostiziert und die Therapie eingeleitet hat? Er versucht herauszufinden, woher die Erkrankung kommt, welche Ursache sie hat, damit die eventuell ausgeschaltet werden kann, um Neuerkrankungen zu verhindern. Das kann auf medikamentösem Weg erfolgen, zum Beispiel bei Allergien. Oder auch einfach, indem dem Patienten eine Änderung seiner Gewohnheiten nahegelegt wird: Wer ständig an Bronchitis leidet, der sollte vielleicht erwägen, mit dem Rauchen aufzuhören.

Was der jungen Frau fehlte, die in meine Sprechstunde gekommen war, war relativ leicht festzustellen: Eine Harnwegsinfektion ist für viele Frauen fast schon eine Allerweltskrankheit. Dass Frauen häufiger betroffen sind als Männer, daran ist eine anatomische Gemeinheit schuld: Bei Männern ist die Harnröhre fast 20 Zentimeter lang, wenn da Krankheitskeime eindringen, dann kann der Körper sie auf dieser

Länge recht effizient bekämpfen. Frauen hingegen haben nur ein Harnröhrchen von vier Zentimetern – Keime kommen da sehr leicht rein, und auch der Weg in die Blase ist nicht so weit. Deshalb wissen viele Frauen aus leidvoller Erfahrung: Jucken und Brennen beim Wasserlassen – mich hat's mal wieder erwischt.

Insofern war die Diagnose bei der Patientin nicht schwierig; sie brachte sie praktisch selber mit. Etwas gefährlicher war höchstens, dass schon die Nieren beteiligt waren – und dass die Entzündung seit sechs Monaten der Frau immer wieder ein treuer Begleiter war. Genauer gesagt: seit sie mit ihrem neuen Freund zusammen war. Das ließ mich natürlich aufhorchen, bei einem solchen Zusammentreffen liegt der Schluss mehr als nahe, dass der neue Freund etwas mit der ständigen Infektion zu tun hat. Also sagte ich der Frau, sie solle mir den Mann doch mal vorbeischicken.

Der, ein 32-jähriger Unternehmensberater, kam ein paar Tage später zur Untersuchung. Nach einem Abstrich an der Eichel war der Übeltäter schnell gefunden: Eine schöne Bakterienkolonie hatte sich dort angesiedelt, unbemerkt vom Penisbesitzer, denn Beschwerden machte sie keine. Eine Salbe, Antibiotika und die Empfehlung, zumindest in nächster Zeit doch Kondome zu benutzen – mehr an Behandlung und Beratung war nicht nötig. Wenn nicht …

Wenn nicht der Mann plötzlich ungefragt zu reden begonnen hätte. Das alles, meinte er, komme wahrscheinlich vom Analverkehr. Ich sagte nichts, dachte aber: Kann sein, wenn man's nicht richtig macht. Seine Freundin habe ihm nämlich den Hintereingang lange verweigert, obwohl er mehrmals den Wunsch geäußert hatte. Dann aber waren sie in einem Swingerklub, und dort habe sie eine Frau gesehen, die auf dem Mann draufsaß und sich seinen Penis in den

Anus einführte – und dann sei die dermaßen abgegangen, die Freundin habe ihren Augen nicht getraut. Noch am gleichen Abend habe sie selbst vorgeschlagen, das doch auch einmal zu probieren. Und seitdem, so habe sie ihm öfter gesagt, könne sie sich überhaupt nicht mehr erklären, wie sie darauf jemals habe verzichten können.

Nun ja, dachte ich, fragte aber, wie denn so ein Liebesspiel so aussehe, rein von der Reihenfolge. Ach, meinte der Mann, das gehe wild durcheinander, hinten rein, vorne rein, wieder zurück – wie es ihnen grad Spaß mache. Als ich ihm allerdings sagte, dass das Infektionsproblem wahrscheinlich genau daher komme, schaute er erst einmal verdutzt. Im After, so erklärte ich, fänden sich nämlich jede Menge Bakterien, die dort auch hingehören – allerdings an anderen Orten nicht so angenehm seien. Deshalb sei es ratsam, sich beim Sex zunächst auf die Vagina zu konzentrieren und dann erst nach hinten zu wechseln. Im umgekehrten Fall lässt es sich gar nicht verhindern, dass eklige Sachen nach vorne transportiert werden und dort dann später Ärger machen, wogegen selbstredend auch ein Kondom nichts hilft – außer man würde es zwischen den einzelnen Akten des Schauspiels wechseln, aber das wäre wirklich etwas zu viel verlangt. Mit dem Versprechen, meinen Rat künftig zu berücksichtigen, verließ der Mann die Sprechstunde.

Damit war der Fall erledigt – dachte ich. Aber keine vier Wochen später saß die Frau schon wieder in meinem Wartezimmer. Dieses Mal hatte die anfängliche Harnwegsinfektion bereits auf die Scheide übergegriffen, eine ausgewachsene Kolpitis, so der Fachbegriff, präsentierte sich mir. Wieder ging es um die Ursachen: Ob sie denn meinen Rat mit den Kondomen nicht berücksichtigt hätten, fragte ich. Doch, war die Antwort. Und das mit der Reihenfolge beim Analverkehr? Auch das, sagte die Frau. Dann sei das doch überhaupt nicht möglich, meinte ich – ob sie denn noch andere außergewöhnliche Techniken praktizieren würden? Das war ihr jetzt sichtlich peinlich, aber schließlich rückte sie doch mit der Sprache heraus: Der Freund sei neulich in den USA gewesen und habe von dort einen Doppeldildo mitgebracht. Das ist ein Dildo mit zwei benutzbaren Enden, jedes davon ist wie eine Eichel geformt. Dieses Teil benutzten sie jetzt bevorzugt, und zwar in der Weise, dass jeder ein Ende des Dildos anal einführte und die beiden dann, solcherart verbunden, masturbierten.

Wer's mag, sagte ich zu mir selber, die Frau war aber noch nicht fertig: Es sei nämlich so, dass sie meistens eher fertig sei als ihr Mann. Dann wolle sie aber nicht untätig sein und benutzte ihr Ende des Dildos noch weiter zur vaginalen Stimulation. Sie hatte also, was die Infektion betrifft, nun selbst den Job ihres Freundes übernommen und brachte die Krankheitserreger aus ihrem eigenen After in die Scheide.

Die Frau war einigermaßen bestürzt, als ihr klar wurde, wie – Entschuldigung – bescheuert das war, was sie da tat, und dass sie mit ein bisschen Nachdenken und Logik auch selber hätte darauf kommen können. Nun beratschlagten wir, wie sie denn die ständige Neuinfektion verhindern könnte. Zwischen analer und vaginaler Stimulation ein Kondom über den Dildo ziehen – nein, das gehe auf gar keinen Fall, meinte sie, da käme sie total aus der Stimmung, außerdem sei sie immer so heiß, dass sie im Ernstfall bestimmt nicht daran denke. Dann gebe es ja noch die allereinfachste Lösung, schlug ich vor: Sie solle ihren Freund losschicken, einen zweiten Dildo zu kaufen, und der sei dann ausschließlich für sie reserviert und für die Momente, wenn ihr Mann noch nicht so weit sie, sie aber schon weitermachen wolle. Zusätzlich wies ich noch darauf hin, dass auch bei dieser Variante auf Hygiene zu achten sei und die Sexspielzeuge am besten vor und nach jedem Gebrauch zu säubern seien. Dieser Vorschlag begeisterte und überzeugte sie ganz offensichtlich – und als sie einige Wochen später zur Abschlussuntersuchung kam, war von Infektionen keine Spur mehr. Mit dem zweiten Dildo sei nun alles wunderbar, sagte sie; ihr Freund habe auf meinen Vorschlag nur mit einem Satz reagiert: »Dein Arzt weiß wirklich, wie man Männer zum Shoppen bringt.« Dann ging er einkaufen.

UMGEBUNDENE LUST

Hygiene – ein wichtiges Thema beim Sex, wie wir im vorhergehenden Kapitel gesehen haben. Ein ähnliches Problem wie das dort beschriebene Paar hatte jenes, das mir kurze Zeit später gegenübersaß: sie eine 25-jährige Verkäuferin, Typ »Hascherl«, also nicht recht selbstbewusst, früher hätte man vielleicht »Mauerblümchen« gesagt. Er hingegen ein Bär von einem Mann, braun gebrannt und muskelbepackt. Als er gleich zu Beginn erklärte, dass er Bodybuilder sei, dachte ich mir: Der Testosteronwert würde mich mal interessieren. Wenn man jemandem das Doping im Gesicht ansehen konnte, dann diesem Mann. Er führte das Wort und redete immer für seine Partnerin mit, die schweigend danebensaß. Es sei nämlich so, dass sie Schmerzen beim Verkehr habe, das möge ich doch nun mal untersuchen.

Als der Laborbefund des Abstriches kam, wunderte mich nichts mehr: Eine schöne Kolonie von Enterokokken und Colibakterien hatte sich in und um ihre Vagina angesiedelt, kein Wunder, dass das gereizt und schmerzempfindlich war. Medizinisch ist das nicht außergewöhnlich und auch kein Problem, man gibt ein Antibiotikum und Zäpfchen, die Lakto-Bazillen ansiedeln – die gehören dort sowieso hin, sie bekämpfen die unerwünschten Eindringlinge und verhindern einen Neubefall.

Nicht so allerdings bei meiner Patientin: Zwei Wochen später saß sie mit ihrem Bodybuilder wieder in der Praxis, mit der gleichen Diagnose, wie sich herausstellte. Und als sie drei Wochen später erneut behandelt werden wollten, schlug ich vor, doch einmal den Mann zu untersuchen, irgendwoher musste diese ständige Neuansteckung ja kommen. Er weigerte sich aber beharrlich und meinte sogar, dann würden sie sich halt einen anderen Urologen suchen, wenn ich nicht in der Lage sei, die Frau gesund zu machen.

Schwierig also. Es kostete mich meine ganze Überzeugungskraft, ihnen zu erklären, dass ein anderer Kollege auch nichts anderes machen würde, dass er genauso wie ich versuchen würde, den Grund für die sich wiederholenden Infektionen zu finden. Schließlich willigte der Mann doch ein, einen Abstrich von seinem Penis machen zu lassen. Als er die Hosen herunterließ, war mir klar, warum er sich so geziert hatte: Sein Penis war so gut wie nicht vorhanden, vielleicht drei Zentimeter in unerigiertem Zustand. Die Hoden hatten ungefähr die Größe von Rosinen. Wenn es noch eines Beweises bedurft hätte dafür, dass er seinen prachtvollen Körper mit Hilfe unerlaubter Chemie in Form gebracht hatte – hier lag er vor mir. Denn die Hormone und Steroide und anderes Zeug, dass sich viele Bodybuilder auf illegalem Weg beschaffen und unkontrolliert einschmeißen, mögen zwar die Muskeln wachsen lassen – auf die Genitalien haben sie auf Dauer den umgekehrten Effekt.

Hier waren wir also auf dem Grund der Sache angelangt: Der Muskelprotz gab zu, dass er mit seinem Gliedchen seine Partnerin nicht befriedigen konnte, und er selbst spürte auch nicht so richtig etwas, wenn er in sie eindrang. Denn auch in erigiertem Zustand war sein Glied nicht sehr eindrucksvoll – sechs Zentimeter lang vielleicht und so dick wie ein Finger. Da können sich Frauen noch so großzügig zeigen und beteuern, es komme ihnen nicht auf die Größe an: Ein gewisses Mindestmaß ist auf jeden Fall erforderlich, Länge und Dicke eines Einwegfeuerzeugs reichen keineswegs aus. Deshalb hatten sich die beiden etwas einfallen lassen und etwas angeschafft: einen Strap-on, also einen Dildo zum Umbinden. Den legte zunächst er an, wodurch er in der Lage war, seine Frau zu befriedigen, und auch ihn machte das gehörig an. Wenn sie fertig war, übernahm sie das Gerät von ihm und penetrierte ihn damit anal, wodurch er dann ebenfalls zum Orgasmus kam.

Wie so oft dachten beide nicht daran, dass sie nach einem solchen Akt jede Menge Körperflüssigkeit auf dem Plastikpimmel hinterließen, ein idealer Nährboden für Tierchen aller Art. Sie sollten ihn doch nicht nur gelegentlich, sondern nach jedem Gebrauch säubern, riet ich – und wie so oft kam der Einwand mit dem Desinfektionsmittel, das sie mal verwendet hatten, das habe so gebrannt. Ich frage mich, ob die Leute in anderen Dingen auch so unpraktisch sind, und sagte ihm, sie sollten doch einfach zwei Minuten warten. Noch besser allerdings wäre es, wenn sie zwei Dildos verwenden würden, einen für ihn, einen für sie, sodass keine Keime von einem zum anderen übertragen werden konnten. Davon war er zunächst nicht so begeistert, bis ich ihm sagte, dass er ja für sich dann jenen mit einem ihm angenehmen Durchmesser aussuchen könne. Das fand er gut. Es ging ihm offensichtlich nicht nur bei seinen Muskeln um die Größe.

DAS RITUAL

Über die Heirat von Homosexuellen wird gerade in Politik und Gesellschaft heftig diskutiert. Bei allen Argumenten dafür und dagegen wird eines oft übersehen: dass Beziehungen zwischen gleichen Geschlechtern genauso vielfältig sind wie die zwischen Mann und Frau, dass die Menschen dort die gleichen Hoffnungen, Sehnsüchte, Wünsche haben wie die sogenannten Normalen – und dass sie genauso oft scheitern. Das Problem ist, dass die schwul-lesbische Szene für die überwiegende Mehrheit der Bevölkerung meistens nur bei so exaltierten Veranstaltungen wie dem Christopher Street Day sichtbar ist und dass sich die Feiernden dort so präsentieren, wie das halt auf einer Party sein soll: laut, schrill, provozierend. Das bedeutet aber natürlich nicht, dass sie das ganze Jahr mit freigelegten Pobacken rumlaufen und jeden niederknutschen, der ihnen in die Quere kommt. Nebenbei: Würde jemand beim Anblick eines Faschingsballs oder eines Bierzelts auf dem Oktoberfest annehmen, dass sich die Leute dort auch während des Restjahres so aufführen? Eben.

Natürlich gibt es auch einen hedonistischen Teil in der Schwulenszene, wie es ihn auch unter Heteros gibt: wo das Aussehen und der Style wichtiger sind als alles andere, wo nicht nach tiefen Beziehungen gesucht wird, sondern nach dem schnellen Kick, dem schnellen Rausch, dem schnellen Sex. Das erledigt sich meistens aber mit zunehmendem Alter, und wenn auch nicht der Wunsch nach Familie und nach Nachwuchs das Seine tut, dann doch die menschliche Sehnsucht nach etwas, das bleibt, nach etwas, das nicht am nächsten Morgen schon anstrengend oder peinlich ist. Weil aber Schwulen und Lesben, wenn sie denn ihr Gegenüber für immer gefunden haben, ein Ritual fehlt, mit dem sie diese Entscheidung vor aller Welt bekräftigen und veröffentlichen können – so wie es Heteros in der Hochzeitsfeier haben –, fallen ihnen manchmal merkwürdige Sachen zur Demonstration ihrer Liebe ein. Das hat im besten, ungefährlichen Fall etwas von Winnetou, Old Shatterhand und ihrer Blutsbrüderschaft. Im schlechtesten Fall aber kann es richtig gefährlich werden.

Der Mann in meiner Praxis war 32 Jahre alt, und ich konnte mir vorstellen, wie gut er in den einschlägigen Lokalen ankam: groß, blendend aussehend – und so schwul wie Freddy Mercury. Nun aber saß er da, und es war nicht mehr viel übrig von all der Herrlichkeit. Um genau zu sein: Er war ziemlich elend und äußerst besorgt. Trotzdem dauerte es etwas, bis er sich überwand und sein Problem beschrieb. Sein Hodensack war angeschwollen und dunkelrot verfärbt.

Bei einer solchen Schilderung kommt dem Urologen sofort eine Diagnose in den Sinn: Skrotalhämatom. Das bedeutet eine Einblutung in den Hodensack – lateinisch: Skrotum –, weil etwa ein Gefäß verletzt wurde. Ein klassischer Unfall, der zu einer solchen Verletzung führt, ist etwa, wenn ein Fußballspieler den Ball in seine edelsten Teile bekommt – die wissen schon, warum sie bei Freistößen die Hände dorthin halten. Ein großes medizinisches Problem ist das allerdings nicht: Wenn zu viel Blut in den Hodensack geflossen ist, drückt die so entstandene Schwellung die Gefäße zu und die Blutung hört von selber auf. Die anschließende Heilung verläuft wie bei jedem Hämatom, das an anderen Körperteilen ja auch einfach »blauer Fleck« heißt: Der Körper baut das ausgetretene Blut ab, was zu wundervollen Farbenspielen vom tiefen Violett über Gelb und Grün führt.

So hätte ich den jungen Mann beruhigen können, aber anschauen wollte ich mir das Schlamassel natürlich trotzdem. Als er die Hosen herunterließ, kam ich aus dem Staunen nicht mehr heraus. Nicht wegen des Hodensacks, der die beachtliche Größe von zwei Tennisbällen aufwies – sondern wegen der Metallsammlung, die er da unten angelegt hatte: Nicht weniger als zwölf Ringpiercings durch das Skrotum zählte ich.

Das musste er mir dann doch erklären. Er berichtete, dass er zwei gute Freunde, sehr gute Freunde habe und dass alle drei als Ausdruck ihrer Liebe und ihrer Freundschaft sich diesem Ritual unterzogen hätten und nun mit jeweils zwölf Sackringen herumlaufen würden. Einer der Freunde sei bewandert in der Kunst der Körperdurchlöcherung, der habe das gemacht. Nur bei ihm sei beim letzten Ring wohl etwas schiefgegangen.

Das konnte man wohl sagen. Jede Verletzung der Haut ist ein Risiko, denn sie schützt uns vor Krankheitserregern und anderen Eindringlingen. Ärzte wissen das, und sie wissen, was sie tun und worauf sie achten müssen. Bei der Vorstellung aber, dass da irgendein Freund zu Hause im Wohnzimmer womöglich mit einer Nähnadel und einem Hammer Hand angelegt hatte, erschauere ich heute noch. Der Hoden selbst ist bei solchen Aktionen glücklicherweise ganz gut geschützt; ihn zufällig zu treffen und zu perforieren ist praktisch unmöglich. Ansonsten aber ist der Hodensack gefüllt mit Nerven und Blutgefäßen, dazwischen Bindegewebe. Dort ohne bleibende Schäden durchzukommen fällt nicht mal jemandem leicht, der das studiert hat.

Das größte Problem dabei ist die mangelnde Hygiene – also untersuchte ich zunächst, ob es Anzeichen einer Blutvergiftung gab. Das war nicht der Fall, Gott sei Dank, denn dann wäre es sehr schnell lebensbedrohlich geworden. Auch von einer Gangrän war der Mann verschont geblieben, so heißt es, wenn nach einer Verletzung Gewebe abstirbt, weil es nicht mehr ausreichend mit Blut versorgt wird. Das kann im schlimmsten Fall dazu führen, dass die Hoden entfernt werden müssen. So aber blieben mir – neben der Beruhigung, dass Schwellung und Verfärbung meist von selbst vergehen – nur ein Bad in einer Desinfektionslösung und die Empfehlung, das Skrotums nachts hochzulagern und tagsüber ein Suspensorium zu tragen, damit es nicht nach unten hängt und durch den erhöhten Blutdruck die Verletzung erneut aufbricht. Meine Anmerkung, es sei am gescheitesten, die Ringe zumindest vorerst ganz zu entfernen, wurde entrüstet zurückgewiesen: Dann sei ja das ganze Ritual umsonst gewesen, das würde sein Karma ganz bestimmt ungeheuer negativ beeinflussen, und was denn seine Freunde dann von ihm denken würden.

Jeden zweiten Tag sollte der Mann zur Kontrolle kommen, was er auch tat. Nach zwei Wochen waren die Beschwerden verschwunden und das Skrotum hatte eine beeindruckende Farbe angenommen. »Heute kommt wieder der blaue Sack«, witzelten meine Angestellten, aber natürlich nur, wenn niemand sie hören konnte.

Als der Patient zu seiner eigentlich letzten Untersuchung erschien, offenbarte er mir allerdings ein neues Problem: Er verspüre so ein Brennen beim Wasserlassen, ob das denn mit der Verletzung zu tun haben könnte. Hatte es nicht – er hatte sich schlicht und einfach eine Harnröhrenentzündung eingefangen, die ohne Schwierigkeiten mit Antibiotika zu behandeln ist. Das hieß allerdings auch: erneute Untersuchung nach zehn Tagen. Und als er da dann die Unterhose abstreifte, traf mich fast der Schlag – offenbar hatte das Freundschaftsritual mittlerweile seinen Abschluss gefunden. Und der sah so aus, dass ein letzter, ein dreizehnter Ring an der Eichel durch die Harnröhre getrieben worden war. Durch die entzündete Harnröhre, in der die Erreger nur darauf warteten, in den Blutkreislauf eindringen zu können. Kein Problem, sagte der Mann, sie hätten nach meinen Warnungen vom letzten Mal besonders auf Hygiene geachtet und deshalb nach dem Piercing Wodka über die Eichel geschüttet. Ich war wahrscheinlich ziemlich bleich im Gesicht, als ich ihm erklärte, warum das in diesem Fall überhaupt nichts geholfen hat. Ein Wunder sei es, dass er sich dieses Mal keine Sepsis zugezogen habe, und als ich ihm dann noch sagte, dass das schlechtestenfalls eine Penisamputation hätte nach sich ziehen können, da wich ihm dann doch jede Farbe aus dem Gesicht.

Es ging glimpflich aus, die Wunden und die Entzündung heilten ohne bleibende Schäden ab, und der Mann hatte bestimmt noch viel Freude, wenn er zusammen mit seinen beiden Kumpels zur Bekräftigung ihrer Freundschaft die gemeinsamen Penispiercings betrachtete. Mir bleiben nur zwei Überzeugungen: Wenn jemand schon glaubt, er müsse seinen vorhandenen Körperöffnungen noch weitere hinzufügen, dann soll das doch bitte ein Fachmann machen (und das ist nicht jeder schon deshalb, weil er »Piercingstudio« über seine Ladentür schreibt). Und: Wenn Homosexuelle meinen, sie müssten sich ihrer Liebe durch solch gefährliche Rituale versichern – dann wäre es vielleicht doch besser, sie könnten einfach heiraten.

DER FALSCHE WEG

So recht wollte er nicht mit der Sprache herausrücken, der wackere Landwirt, 61 Jahre alt, der mir in meinem Sprechzimmer gegenübersaß. Nur so viel: Am Abend zuvor hatte er mit seiner Frau geschlafen, irgendetwas war komisch, und danach hatte er Blut an seinem Penis – das wollte er jetzt doch mal untersuchen lassen, ob er sich da vielleicht irgendwie verletzt habe.

Viel zu untersuchen gab's allerdings nicht, sein bestes Stück war doch ziemlich klein. Ich schaute mir an, was es anzuschauen gab, machte einen Abstrich: keine Auffälligkeiten. Weil der Mann aber immer noch nicht beruhigt zu sein schien, fragte ich nach, was denn »komisch« gewesen sei beim fraglichen Geschlechtsverkehr, und heraus kam dann folgende Geschichte:

Seine Frau war mit ihren 41 Jahren nicht nur deutlich jünger als er, sie hatte, was nicht verwunderlich ist, ihre Probleme mit der Größe seines Gliedes – er selbst sagte ja, dass er das Gefühl habe, er falle richtig hinein in ihre Vagina; das enge, pulsierende Umschließen des Penis kannte er nicht. Um seiner Frau dennoch Befriedigung zu verschaffen, hatten die beiden im Lauf der Zeit eine eigene Technik entwickelt: Bevor er in sie eindringen durfte, rutschte sie, auf ihm sitzend, mit ihrer Klitoris auf seinem Penis hin und her. Das erregte sie teilweise sehr stark, und ihm war es auch recht, denn er wollte ihr schon auch etwas Gutes tun.

Am Abend zuvor nun war sie wieder einmal auf ihm zugange. Sie war wohl recht heiß, und wie viele Frauen verlor sie in diesem Zustand leicht die Kontrolle über ihre Bewegungen. Plötzlich blieb deshalb sein Penis an ihrem Schambein hängen – und rutschte dann irgendwo rein. Aber wo?

Für den Mann muss das ein ganz ungewohntes Gefühl gewesen sein. »Du bist aber eng heute«, sagte er, und sie antwortete: »Ich glaub, du bist falsch.« Was soll ich sagen: Er war wohl in der Hitze des Gefechts in der Harnröhre der Frau gelandet. Das ist anatomisch ohne Weiteres möglich – die Urethra, so der medizinische Fachbegriff, mündet knapp unterhalb der Klitoris ins Freie; sie hat zwar normalerweise nur einen Durchmesser von etwa einem halben Zentimeter, ist aber doch einigermaßen dehnbar. Und wenn da ein Pimmelchen kaum dicker als ein Bleistift ankommt, kann dieses schon mal den falschen Weg nehmen.

Die Frau fand den Eindringling nicht aufdringlich, im Gegenteil: Obwohl er eine Öffnung erwischt hatte, die nicht für ihn vorgesehen war, verspürte sie dadurch große Lust. Das wiederum ist weniger verwunderlich, als man glauben könnte: Zum einen liegt die Klitoris, bei den meisten Frauen das Zentrum aller Lust, sehr nahe. Zum anderen findet sich rund um den Harnröhrenausgang der sogenannte U-Spot, ein nur wenigen Männern bekannter und deshalb zu Unrecht vernachlässigter Fleck höchster Erregbarkeit. Amerikanische Sexualwissenschaftler haben natürlich auch diesen Punkt exakt vermessen und raten zu sanfter oraler Stimulation (»It's a spot, not a button« – es ist ein Punkt, kein Knopf): Man beginne mit der Zunge am Eingang zur Vagina und lecke dann langsam Richtung Klitoris, dann werde man schon merken, wenn und wie die Frau reagiert. Diese Variante hat zudem den Vorteil, dass der U-Spot es am liebsten hat, wenn er bei der Reizung schon feucht ist – das sollte der Speichel an der Zunge zur Genüge erledigen. Weil wir gerade dabei sind: Der berühmte G-Spot befindet sich innen in der Vagina, und zwar an der Vorderseite. Er ist zu erreichen, indem man einen Finger einführt und damit eine Bewegung macht, als würde man »Komm her« zeigen wollen. Und dann gibt es noch den A-Spot, er findet sich noch tiefer in der Vagina, nahe dem Gebärmutterhals. Bei allem Wissen um den Körperbau der Frau sollte aber nicht vergessen werden, dass das Liebesspiel keine Anatomieübung ist – am besten und am spaßigsten ist es immer noch, gemeinsam auf Entdeckungsreise zu gehen und lustvoll herauszufinden, was der/die andere am liebsten hat.

Zurück zum Landwirt und seiner Frau: Die durch Zufall gefundene neue Spielart machte also beiden Spaß – weil sie aber beide noch nie zuvor von ihr gehört hatten, meldeten sich anschließend das schlechte Gewissen und die Furcht, da könne irgendetwas kaputtgegangen sein. Das war der eigentliche Grund für den Besuch des Mannes in meiner Praxis. Was ihn betraf, so konnte ich ihn beruhigen. Sein Schwänzchen hatte durch den ungewohnten Ausflug keinerlei Schaden genommen. Aber seine Frau wollte ich mir gerne anschauen; glücklicherweise saß sie draußen und wartete.

Nein, sagte sie, Schmerzen habe sie keine gespürt, und wenn, so seien sie durch die Lust überdeckt worden. Nun aber, einen Tag später, spüre sie ein leichtes Brennen, außerdem verliere sie immer ein paar Tropfen Urin beim Lachen oder beim Husten. Die Untersuchung mit dem Zystoskop zeigte den Grund: Es war nicht nur die Harnröhre gerötet und erweitert, der Schließmuskel war zudem überdehnt, was zur zeitweiligen Inkontinenz geführt hatte. Dass die Blase selbst unverletzt geblieben war, war wohl auch der mangelhaften Ausstattung ihres Mannes zu verdanken – ein größeres Gerät hätte da durchaus einiges an Schaden anrichten können.

So aber konnte ich das Paar beruhigen, und weil ich sah, welche Gedanken beide nun im Kopf hatten, ermahnte ich sie, doch künftig nicht mehr auf diese Art des Liebesspiels zurückzugreifen, denn ganz ungefährlich war das trotz allem nicht, auch wenn's beim ersten Mal gut gegangen war. Das versprachen mir die beiden dann auch hoch und heilig. Allerdings: Die Hand dafür ins Feuer legen würde ich nicht, dass sie sich daran auch gehalten haben.

AN DER LEINE

In der vorhergehenden Geschichte war zu erfahren, dass der Ausgang der Harnröhre bei der Frau durchaus ein Sitz der Lust sein kann. Wenn Frauen das erst einmal entdeckt haben, dann bauen sie es oft gewinnbringend in ihre sexuellen Erlebnisse ein. Und wenn sie keinen Mann dafür haben – oder ihm, warum auch immer, nicht sagen wollen, wo er Hand anlegen soll –, dann haben sie eben ein kleines Geheimnis für die Momente, in denen sie alleine sind mit sich und ihren Fantasien. Eine Patientin jedoch hatte diese Praktiken ins Extrem getrieben und mir damit eine der skurrilsten Operationen meines Arztlebens beschert.

Peinlich war's ihr und nervös war sie, und wie so oft versuchte sie, die unangenehme Situation durch Schnippigkeit zu überspielen: Sie habe da etwas in der Blase, das möge ich doch bitte entfernen. Dass das nicht so unproblematisch sein würde, war ihr anzusehen – vor Schmerzen konnte sie kaum sitzen.

Sie zog sich aus und legte sich auf den Untersuchungsstuhl. Beim ersten Blick konnte ich nicht anders – »Was ist das denn?«, rutschte mir heraus: Aus ihrer Harnröhre hing ein Stück kunststoffummantelter Schnur heraus. »Wäscheleine«, kam es zurück, nun schon deutlich kleinlauter. Die Dame erzählte dann, dass sie vor einiger Zeit die vier Zentimeter lange Verbindung der Blase nach außen für die Masturbation entdeckt hatte. Eine Schnur dort einzuführen, das habe sie schon öfter gemacht – nun aber bekomme sie sie nicht mehr heraus, irgendetwas habe sich da wohl verhakt. Daraufhin habe sie immer mehr eingeführt in der Hoffnung, das werde sich lösen. Tat es aber nicht, und nun … nun ja, jetzt saß sie hier und bat um Hilfe.

Wie viel denn da drinstecke, fragte ich sie. Ein guter Meter, war die Antwort. Ich tat, was wohl jeder als Erstes versucht hätte, und zog an dem Schnurende. Aber tatsächlich, da ging nichts vorwärts, und rohe Gewalt wäre in dem Fall wohl kaum angebracht gewesen. Also nahm ich ein Zystoskop – es wird für gewöhnlich zur Blasenspiegelung benutzt – und schaute mir das Ganze mal von innen an. Es sah aus wie in einem Nähkästchen, Abteilung Fäden und Garne: Ein Schnurknäuel füllte die Blase fast vollständig aus. Der Versuch, mit einer eingeführten Zange das Knäuel zu entwirren, scheiterte. So blieb nichts als eine Operation.

Dazu war eine Vollnarkose nötig – denn bei Bewusstsein hätte die Patientin das Folgende kaum ertragen: Eineinhalb Stunden lang schnitt ich mit durch die Harnröhre eingeführten Instrumenten, Zangen und Scheren die Schnur in drei bis fünf Zentimeter lange Stücke und holte diese einzeln heraus. Meine Assistentinnen machten sich einen Spaß daraus, die Stücke aneinanderzulegen. Als wir fertig waren, stellte sich heraus, dass die Schätzung der Patientin, ein guter Meter stecke drin, leicht untertrieben war: 2,35 Meter solide Wäscheleine hatte sie sich eingeführt.

Als alles herausgezogen war, machte ich noch eine Röntgenaufnahme – um sicherzugehen, dass wir nichts übersehen und bei der ganzen Pfriemelei nicht versehentlich die Blase verletzt hatten. Das Bild brachte jedoch eine weitere Überraschung: Da steckte noch was drin! Vorsichtig machte ich mich erneut mit einer Zange ans Werk, und nach wenigen Minuten hatte ich ein Parfümfläschchen herausgeholt, einen dieser dünnen Tester, den man als Geschenk zum Einkauf dazu erhält. Das hätte nun richtig gefährlich werden können – wäre das Glas zerbrochen, hätte die Blase perforiert werden können, und das ist ein lebensbedrohlicher Notfall: Der Urin ergießt sich in den Bauchraum und führt dort zu einer Bauchfellentzündung, die eine sofortige Operation unvermeidlich macht.

Aus der Narkose erwacht, berichtete mir die Patientin, was sich tatsächlich ereignet hatte: Sie wollte sich mit dem Parfümfläschchen in der Harnröhre befriedigen, dabei war es in die Blase gerutscht. Daraufhin war sie auf die irrwitzige Idee mit der Wäscheleine gekommen; sie hatte gehofft, das Ende der Schnur irgendwie in die Öffnung des Flakons zu bekommen und ihn so herausziehen zu können – was ungefähr so erfolgversprechend war wie der Versuch, eine Bierflasche mit einer Angelrute aus einem Swimmingpool zu holen. Dabei schob sie immer mehr Schnur nach, natürlich ohne auch nur die geringste Chance auf Erfolg.

Dass sie wegen des Eingriffs in Vollnarkose noch über Nacht zur Beobachtung in der Klinik bleiben musste, brachte sie kurz zum Nachdenken – offensichtlich überlegte sie, wie sie Bekannten oder Verwandten den überraschenden Krankenhausaufenthalt erklären könnte. Nach kurzer Zeit aber hatte sie das Problem gelöst: »Ich sag einfach, ich hab da so eine Unterleibsgeschichte«, meinte sie strahlend. »Da fragt bestimmt keiner nach.« Und gelogen war es ja auch nicht.

DER VERHINDERTE FLUG

Auch wenn es »normalen« Menschen ungewöhnlich erscheint: Für einen Urologen ist es ein fast schon alltäglicher Vorgang, Patienten Gegenstände zu entfernen, die – glaubt man den Schilderungen – unter mysteriösen Umständen in Vagina oder After gelangt sind und nun nicht mehr herauswollen. Als Arzt kommt man nicht in die Gefahr, über solche »Unfälle« zu lachen: Zu riskant wäre, nicht sofort alles zu tun, um herauszuholen, was da reingerutscht ist. Im schlimmsten Fall könnte so ein Ding den Enddarm perforieren, also durchlöchern, und das führt rasend schnell zu einer Blutvergiftung und ist akut lebensbedrohlich.

In dem Fall, der mir vor ein paar Jahren begegnete, rief eine Frau für ihren Mann an: Ihm sei durch einen – natürlich – Unfall ein Fremdkörper in den Darm gelangt, wie lange es denn dauere, so etwas zu entfernen? Ich antwortete, dass man das nicht ohne Untersuchung sagen könne, worum es sich bei dem Fremdkörper denn handle? Das wollte sie mir nicht sagen, und als ich dann meinte, eine Stunde müsse man im einfachsten Fall gewiss rechnen, sagte sie, das sei sowieso zu lange, ihr Mann müsse in zwei Stunden einen Flug in die USA erreichen. Dann legte sie auf.

Als Arzt in einer Klinik, wie ich es damals war, hat man viel zu viel zu tun, als sich über solche Vorgänge allzu lange Gedanken zu machen. Der Anruf kam mir erst mehr als zwei Stunden später wieder in den Sinn, als die Notrufzentrale einen Transport meldete, der in wenigen Minuten bei uns eintreffen sollte. Als der Rettungswagen ankam, schilderten mir die Sanitäter, was los war: Am Flughafen war den Angestellten bei der Sicherheitskontrolle ein dumpfes Brummen aufgefallen, das irgendwie aus den Reihen der wartenden Passagiere kam. Schließlich konnten sie das Geräusch eingrenzen und sprachen einen Mann in der Schlange an. Der aber wies den Vorwurf entrüstet zurück: »Ich brumme nicht!« Auch als sie ihn durch den Metalldetektor führten und der klar anschlug, behauptete der Mann steif und fest, er sei nicht der Verursacher des Geräuschs. Schließlich holten die Securities die Polizei. Die brachten ihn in die Wache zum Verhör, wo er sich standhaft weigerte, den angebotenen Stuhl zu nehmen und sich hinzusetzen.

Irgendwann hatten die Beamten den Mann dann doch so weit, dass er ein Geständnis ablegte: Beim Liebesspiel mit seiner Frau kurz vor der Abreise habe man sich mit einem Vibrator vergnügt. Der sei dann blöderweise in seinen After gerutscht, keine Chance, ihn herauszubekommen. Auf der Fahrt zum Flughafen, als er sich ins Taxi gesetzt hatte, sei wohl der Schalter des Dildos betätigt worden – seitdem brumme er so vor sich hin.

Ich weiß nicht, ob sich die Polizisten ein Lachen verkneifen konnten. Jedenfalls taten sie das einzig Richtige und schickten den Mann zu uns ins Krankenhaus. Für uns war, wie gesagt, eine solche Behandlung nichts Außergewöhnliches. Allerdings ließ sich das – immer noch brummende – Teil weder mit Zangen noch durch Spreizer fassen und herausziehen. So übergaben wir den Patienten dem Chirurgen, der verpasste ihm eine Narkose und konnte dann den Hintereingang ausreichend aufspreizen, um einen 20 Zentimeter langen Vibrator herauszuholen.

Ich hätte dem Mann gerne noch ein paar Ratschläge gegeben, wie er und seine Frau ihre anale Leidenschaft gefahrloser hätten ausleben können – zum Beispiel durch die Verwendung eines speziellen Analdildos; er verfügt an seinem Ende über eine Verdickung, die verhindert, dass er unerreichbar in den Tiefen des Enddarms verschwindet. Bei anderen Hilfsmitteln hilft die größte Vorsicht nicht: Ist es erst einmal tief genug eingedrungen, zieht sich der Schließmuskel reflexhaft zusammen und drückt es weiter rein. Deshalb sind bei Kennern Hämmer sehr beliebt; hier verhindert der Hammerkopf Schlimmeres. Der Mann schien jedoch auf meine Expertise keinen Wert zu legen: Wohl aus Scham war er am nächsten Morgen, noch vor Frühstück und Visite, aus dem Krankenhaus verschwunden.

AUSGEBREMST!

Zu den angsteinflößendsten Geschichten, die sich sexuell unerfahrene junge Leute auf dem Pausenhof erzählen, zählt die vom Scheidenkrampf: Während des Geschlechtsverkehrs, so der Mythos, verkrampft sich die Scheide der Frau so sehr, dass der Mann nicht mehr in der Lage ist, sein Glied wieder herauszuziehen. Dann hilft nur noch der Notarzt (ihn zu rufen ist heute, da meistens ein Handy griffbereit liegt, deutlich einfacher als zu Zeiten von Festnetz und Wandapparaten). Der löst dann durch eine Spritze den Krampf – wenn's gut geht. Im schlimmsten Fall aber muss das unzertrennliche Paar ins Krankenhaus gebracht werden, auf einer Trage, alle Nachbarn und Passanten können sehen, was passiert ist. Die Glaubwürdigkeit der Geschichte wird noch dadurch gesteigert, dass sogar ein lateinischer Fachbegriff für die hochpeinliche Situation existiert: *penis captivus*, »gefangener Penis«, und spätestens an dieser Stelle der Erzählung wird die Stimme des Wissenden auf dem Pausenhof zu einem dunklen Raunen.

Die gute Nachricht: Den Penis im Scheidengefängnis gibt es nicht. Zwar wurde ein solcher Vorfall im Jahr 1884 in der renommierten britischen Fachzeitschrift »Medical News« beschrieben – jedoch stellte sich später heraus, dass ein Arzt unter Pseudonym einem Kollegen einen Streich spielen wollte. Alleine schon der gesunde Menschenverstand sagt einem ja, dass so etwas nicht möglich ist – die Scheide der Frau wird beim Eindringen des Penis im Normalfall feucht und glitschig, und nichts findet sich darin, was den Penis unverrückbar festhalten könnte. Das ändert aber nichts daran, dass die Legende seitdem unsterblich ist und von Generation zu Generation weitergegeben wird.

Die schlechte Nachricht: Den Scheidenkrampf gibt es tatsächlich. Mit Vaginismus wird ein unwillkürliches und von der Frau nicht zu steuerndes Zusammenziehen der Muskulatur im vorderen Drittel der Scheide und im Beckenboden bezeichnet. Die Medizin unterscheidet zwischen primärem und sekundärem Vaginismus, primär heißt, dass das Problem schon immer vorhanden war, auch wenn es aus naheliegenden Gründen meist erst während der Pubertät entdeckt wird. Sekundär hingegen bezeichnet das späte Auftreten der Verkrampfung, ausgelöst zum Beispiel durch ein traumatisierendes Erlebnis wie eine schmerzhafte gynäkologische Untersuchung. Das Ergebnis ist in beiden Fällen das gleiche: die Unmöglichkeit, irgendetwas in die Scheide einzuführen, sei es ein medizinisches Gerät, ein Finger oder ein Penis – die Tür ist fest verschlossen.

Seit fünf Monaten war das Paar zusammen, das sich bei mir behandeln lassen wollte, sie 19 Jahre alt, Studentin, er 24, Autoverkäufer. Die junge Frau wohnte noch bei ihren Eltern, und die machten es den beiden nicht leicht. Sie waren streng katholisch – oder vielleicht auch einfach nur prüde – und wollten es zum Beispiel auf keinen Fall erlauben, dass der Mann bei seiner Freundin übernachtete. Überhaupt machten sie ein rechtes Theater – sie stellten sich wohl vor, ihre Tochter würde jungfräulich vor den Brautaltar treten, dann vier Kinder gebären, und dann wäre es gut gewesen mit dieser schrecklichen Angelegenheit, die Sex genannt wird.

Die jungen Leute waren da natürlich ganz anderer Ansicht, und wie verliebte Menschen zu allen Zeiten fanden sie Mittel und Wege, um zu tun, worauf sie Lust hatten. Eines Abends gingen die Eltern der Frau in die Oper, es war nur noch die Großmutter im Haus, die würde aber bald ins Bett gehen und hörte außerdem schon schlecht. Auf ein Zeichen kletterte der junge Mann durchs Fenster ins Zimmer seiner Geliebten, die schon ausgerechnet hatte, dass ihnen mindestens eine gute Stunde Zeit blieb, bis die Eltern zurückkehren würden. Sie stellten den Wecker, und los ging's.

War die Inszenierung so schlecht? Die Sänger indisponiert? Glaubte die Tochter, ihre Eltern würden eine ewig lange Wagner-Oper hören, und stattdessen gab's nur 90 Minuten Mozart? Jedenfalls kamen die strenggläubigen Musikliebhaber sehr viel früher nach Hause als gedacht – und wunderten sich über merkwürdige Geräusche aus dem Zimmer der Tochter. Die Mutter ging nach oben, um nachzuschauen. Als sie die Tür öffnete, sah sie etwas, was eine Mutter nicht gerne sieht, auch wenn sie dabei nicht an Hölle und Fegefeuer denkt: Ein leidenschaftlich erregter Mann lag auf ihrer Tochter, und die hatte ganz offensichtlich auch ihr Vergnügen.

Mit dem Vergnügen war es aber sofort vorbei, als die Tochter die Mutter bemerkte. Sie erschrak so sehr, dass ihre Scheide sich verkrampfte, und auch wenn der Freund seinen Penis ohne Weiteres befreien konnte, darf man annehmen, dass der Abend für alle Seiten kein angenehmer mehr war.

Der Abend ging vorbei – nicht aber der erworbene Vaginismus der Tochter: Das Erlebnis hatte sie offenbar so traumatisiert, dass ihre Scheide sich verschloss, wenn der Penis ihres Freundes auch nur in die Nähe kam. Sie hatte Yoga probiert und autogenes Training, das hatte teilweise auch geholfen, orale Stimulation ging und auch die Finger des Mannes durften sich auf die Reise begeben. Aber »richtiger« Geschlechtsverkehr war unmöglich.

Man hofft in einem solchen Fall, die eine Seite des Problems, nämlich die psychische, durch eine Behandlung der anderen, nämlich die körperliche, gleich mit zu lösen – in der Hoffnung, dass ein Erfolg in den unteren Körperregionen die Blockade in den oberen, also im Kopf, löst. Zur Therapie des Vaginismus werden sogenannte Vaginaldilatatoren eingesetzt, Stifte von wachsendem Durchmesser, mit deren Hilfe die verkrampfte Muskulatur nach und nach gelockert und geöffnet wird. Daneben hilft Beckenbodentraining, das sowieso jeder Frau nur empfohlen werden kann, vor allem zur Verhinderung von Inkontinenz im Alter. Dabei werden die Muskeln im Beckenboden bewusst angespannt und entspannt, wodurch die Frau ein Gefühl und die Kontrolle darüber erhält.

Bei meiner Patientin saß das Problem leider zu tief, als dass es mit diesen relativ einfachen Mitteln hätte behoben werden können – sie schaffte es trotz aller Bemühungen nicht, ihre Scheidenmuskulatur in den Griff zu bekommen. Als letzte Möglichkeit fiel mir die Biofeedback-Therapie ein. Das ist eine Methode, mit der der Patient sozusagen von außen eine Rückmeldung – englisch: Feedback – über die Abläufe in seinem Körper bekommt. Im aktuellen Fall verzeichnete also ein Zeiger an einer Skala den Grad der Verspannung ihrer Unterleibsmuskulatur an. Die Aufgabe der Patientin bestand darin, den Zeiger in einem sozusagen »grünen Bereich« zu halten. Dadurch erlernte sie auf fast spielerische Weise, auf ihren Körper zu hören, und sie lernte, was sie tun konnte, um ihre Muskeln bereit zu machen für das, was sie und ihr Mann sich so sehr wünschten.

Es half. Nach acht Wochen kamen die beiden freudestrahlend zu mir und berichteten, dass sie es erstmals wieder geschafft hatten, richtig miteinander zu schlafen. Der Umweg über die körperlichen Reaktionen hatte Erfolg gehabt – allein die Erfahrung, dass es ihr (wieder) möglich war, Verkehr mit ihrem Freund zu haben, verdrängte die Angst vor einem erneuten Versagen, von da an flutschte es wieder. Und das Problem mit den Eltern hatten sie mittlerweile auch gelöst: Sie hatten sich verlobt, und das war in den Augen der Eltern offenbar ausreichend, sodass sie es nun ertragen konnten, eine Tochter mit einem Sexualleben zu haben.

FAUST II

Als Arzt, als Sexualmediziner habe ich an den Krankheiten und Verletzungen, derentwegen meine Patienten zu mir kommen, ein ausschließlich professionelles, medizinisches Interesse: Für eine fundierte Diagnose ist es gelegentlich unerlässlich, die Vorgeschichte zu kennen. Moralische Wertungen muss ich mir nicht verkneifen, ich denke nicht einmal daran – da sitzt mir ein Mensch gegenüber, der meine Hilfe braucht, warum auch immer, also versuche ich zu helfen. Ob das, was der Patient mit seinem Sexualpartner so treibt, in ein gutbürgerliches Werteschema passt oder weit außerhalb der Norm steht, das interessiert mich nicht, außer natürlich, es führt zu Selbst- oder Fremdschädigungen oder es fällt gar in den Bereich der strafrechtlichen Relevanz.

Eine 28-jährige Verwaltungsangestellte klagte über Blut im Urin. Die häufigste Ursache dafür ist eine Infektion – hier jedoch Fehlanzeige. Auch einen Tumor entdeckte ich glücklicherweise nicht. Auffällig war jedoch eine starke Rötung im Vaginalbereich, die auf eine mechanische Reizung hindeutete.

Also fragte ich die Patientin, ob sie beim Verkehr denn feucht genug sei? Ob ihr Freund einen sehr großen Penis besitze? Ob sie denn vielleicht mit Sexspielzeugen experimentierten? Da gebe es ja Exemplare von einer Dimension, deren Wirkungsweise nur mit der eigentlich paradoxen Kombination vom »lustvollen Schmerz« ausreichend beschrieben sei. Die Frau schaute mich verständnislos an, dann musste sie ein bisschen lachen.

Nichts davon, meinte sie: Sie sei doch lesbisch und sehr glücklich mit ihrer Partnerin. Nun sind mir lesbische Sexualpraktiken durchaus nicht so geläufig wie heterosexuelle oder – zumindest theoretisch – schwule. Also fragte ich sie, ob sie denn da etwas bevorzugen würden, was zu den Reizungen und dem Blut im Urin führen könnte. Nun ja, sagte sie, es gebe da schon etwas: Sie liebe es, wenn ihre Freundin ihre Faust in ihre Vagina einführe. Diese »Fisting« genannte Technik ist nicht so selten, wie man denken könnte, unter Schwulen, unter Lesben und auch unter Heteros. Die Faust in die Vagina – Fachbegriff: brachiovaginal – oder den Anus – brachioproktisch – zu schieben, bewirkt zum einen eine Stimulation ähnlich der durch den Penis, nur eben mit einem sehr viel dickeren Ding. Zum anderen mögen auch psychologische Aspekte wie Demütigung und Unterwerfung eine Rolle spielen, ganz abgesehen vom Schmerz, denn um die Faust in eine der beiden Körperöffnungen zu bekommen, müssen diese extrem gedehnt werden. Das geht leichter bei der Vagina, die ja schon so gebaut ist, dass ein ganzes Baby hindurchpasst. Der Anus hingegen ist in seiner Dehnbarkeit anatomisch beschränkt, da muss der Fister gehörig vorarbeiten, um ans Ziel zu kommen – ob zu häufige oder zu gewaltsame Anwendung Spätschäden nach sich zieht, zum Beispiel Stuhlinkontinenz, ist wissenschaftlich noch nicht geklärt.

Ich schaute mir die Patientin nun genauer an. Dabei zeigte sich, dass das Blut von weit hinten aus dem Gebärmuttermund kam. Dass die Frau es trotzdem zuerst im Urin festgestellt hatte, ist normal: Beim Wasserlassen fließt das Blut aus dem Uterus mit dem Urin in die Toilette und wird so erstmals wahrgenommen. Erstaunlich war, dass auch die Rötungen bis weit nach hinten reichten: Eigentlich ist vorne an der Vagina die engste Stelle, die überwunden werden muss. Reizungen im Inneren deuten darauf hin, dass zum einen sehr heftig, zum anderen auch nicht recht »fachkundig« vorgegangen wurde.

Da war es mal wieder Zeit für eine kleine Aufklärungsstunde – die Verletzungen waren nicht so schlimm und würden von selbst abheilen, zur Unterstützung verschrieb ich Zäpfchen mit Laktobazillen. Die gehören sowieso zur Vaginalflora und bilden eine Art schützenden Film über die empfindliche Schleimhaut. Aber über die bevorzugte Sexualpraktik meiner Patientin musste ich mit ihr reden. Das fing – wie immer bei Ärzten – mit der Hygiene an: Wenn Fremdkörper von außen mit Schleimhäuten in Berührung kommen, dann sollte besonders auf Sauberkeit geachtet werden, zum Beispiel auch durch die Verwendung von Gummihandschuhen. Beim Eindringen sollte die Dehnung nicht zu schnell erfolgen. Sowieso empfiehlt es sich, die Hand gestreckt einzuführen und sie erst dann zur Faust zu ballen. Unterstützt werden kann der Vorgang durch reichliche Verwendung von Gleitmitte – das würde auch die Blutungen verhindern, vor allem wenn die Partner höhere Geschwindigkeiten beim Hin und Her bevorzugen.

Die Patientin hörte sich meine Erklärungen interessiert an; es war ihr anzusehen, dass sie sich noch nie so recht Gedanken darüber gemacht hatte, was ihr so viel Lust bereitete.

Am Ende siegte dann allerdings doch noch meine Neugier über die professionelle Sicht des Mediziners: Wie sie denn diese Technik überhaupt entdeckt hatten, wollte ich wissen. Die Antwort amüsierte mich dann aber doch: Ihre Freundin sei Hebamme, erzählte sie, und als solche bewandert in der Methode des Beckenbodenausstreichens. Die wird bei Schwangeren angewendet, um das Gewebe elastisch zu machen und die Gefahr von Rissen bei der Geburt zu verringern. Die Hebamme hatte ihrer Freundin davon erzählt und, weil's ein bisschen schwer zu erklären ist, gleich vorgemacht, wie das geht – und plötzlich war zur Überraschung wie Freude beider statt ein, zwei Fingern die ganze Hand in die Vagina gerutscht. Geschämt hatten sie sich beide nicht, sagte die Patientin noch, denn sie hatten ja eine gute Rechtfertigung dafür: »Wenn's sogar der Arzt empfiehlt, ist es ja wohl okay.«

ENNYI!

Es ist gerade einmal 50 Jahre her, als die Menschheit eine sichere Methode entdeckte, Sex zu haben, ohne Kinder zu zeugen: Der Chemiker Carl Djerassi und andere fanden eine Möglichkeit, den Menstruationszyklus der Frau so zu manipulieren, dass der Eisprung unterdrückt wurde. Die Antibabypille hat wahrscheinlich mehr als alles andere unsere Einstellung zur Sexualität verändert: Zum ersten Mal ist es nun möglich, Sex aus purer Lust, aus Spaß an der Sache zu haben, ohne eine Schwangerschaft befürchten zu müssen.

Was zu Beginn wie ein Wundermittel erschien, wird mittlerweile allerdings auch kritisch gesehen: Klar ist, dass es nicht ungestraft bleibt, wenn der Mensch von außen, mit Medikamenten, in den natürlichen Ablauf der Dinge im menschlichen Körper eingreift, über lange Zeit, manchmal über Jahrzehnte. So steigt bei Frauen, die die Pille nehmen, das Risiko bestimmter Krebserkrankungen. Nicht zuletzt deshalb denken viele Paare über andere Methoden der Empfängnisverhütung nach – vor allem wenn sie in fortgeschrittenem

Alter sind und ihr Kinderwunsch bereits erfüllt ist. Dann ist die einfachste, sicherste und am wenigsten beeinträchtigende Methode die der Sterilisation: Beim Mann werden die Samenleiter, bei der Frau die Eileiter undurchgängig gemacht. So können Sperma und Eizelle nicht mehr zueinanderkommen. Ansonsten ändert sich nichts – Libido, Potenz und Orgasmusfähigkeit werden nicht berührt durch die kleine Operation, die beim Mann noch unkomplizierter ist als bei der Frau: je nach Operationsmethode ein oder zwei kleine Schnitte von nicht mehr als einem Zentimeter Länge, lokale Betäubung, ein Krankenhausaufenthalt ist in den seltensten Fällen nötig.

Wie gesagt: Meistens sind es ältere Paare, die die Möglichkeit in Erwägung ziehen. Wenigstens diese Voraussetzung traf auf den Patienten zu, der mir gegenüber den Wunsch nach einer Vasektomie äußerte. 38 Jahre war er alt, Buchhalter, allerdings: unverheiratet und kinderlos. Zwar ist die Vasektomie relativ problemlos wieder rückgängig zu machen. Dennoch versucht der Arzt in einem solchen Fall herauszufinden, ob der Wunsch nicht vielleicht nur einer momentanen Laune entspringt. Denn ein Risiko bleibt bei jeder Operation, aus Jux und Tollerei sollte man das nicht auf sich nehmen.

Seit über einem Jahr hatte der Mann eine Freundin, eine Ungarin, 29 Jahre alt und offenbar so pusztafeurig, wie man sich das im Klischee so vorstellt – er sagte jedenfalls, dass er immer noch sehr verliebt sei und, was den Sex betreffe, an der Grenze zur Hörigkeit. Diese Frau lebte mit einer Freundin in einer Wohngemeinschaft – der Mann kannte diese natürlich auch, weil er oft dort übernachtete, der Weg zur Arbeit war dann kürzer. Die Freundschaft der beiden Frauen war sehr eng, sie kannten sich bereits aus dem Kindergarten. Was Kinder betraf, sei der Mann zunächst nicht abgeneigt gewesen, seine Partnerin lehnte das aber kategorisch ab – sie war bei den Großeltern aufgewachsen und hatte ihre Kindheit wohl eher durchlitten, sie war jedenfalls durch nichts zu überzeugen, dass sie doch an ihren eigenen Kindern wieder gutmachen könnte, was bei ihr schiefgelaufen war: Sie wollte keine Kinder, ennyi! (Auf Ungarisch so viel wie Basta!)

Ein Jahr waren die beiden zusammen, da hatte die Mitbewohnerin fürchterlichen Liebeskummer: Zweimal kurz hintereinander war sie von Männern sitzen gelassen worden, nun war sie überzeugt, dass sie hässlich sei, nicht begehrenswert und auf keinen Fall sexy. Sie wurde richtiggehend depressiv darüber, und ihre Freundin machte sich Sorgen – Sorgen, dass sie sich vielleicht etwas antun könnte. Wenn man so große Sorgen hat, dann kommen einem ja manchmal die seltsamsten Ideen. Die Ungarin jedenfalls dachte, es könnte ihre Freundin vielleicht aufheitern, wenn sie mal beim – oft und lustvoll praktizierten – Sex zuschauen dürfte. Ihr Freund war davon naturgemäß nicht so sonderlich begeistert, vor allem weil er die Mitbewohnerin tatsächlich nicht attraktiv fand, und so wurde der Vorschlag zunächst zu den Akten gelegt.

Aber nur für drei Tage, besser gesagt: Nächte. Da war nämlich der Mann gerade mal wieder mit seiner Freundin zugange – als leise die Tür aufging und die Mitbewohnerin hereinhuschte. Sie saß still in einer Ecke und schaute zu. Der Mann war zu beschäftigt, als dass er sich hätte unterbrechen lassen, mit anderen Worten: Es war ihm wurscht. Am nächsten Abend kam die Freundin wieder ins Zimmer, und dieses Mal wurde sie schon mutiger: Während das Paar tat, was Paare nachts so tun, streichelte sie Rücken und Beine des Mannes. Auch das störte ihn nicht sonderlich.

Als sie aber immer wieder beim Sex dabei war und anscheinend annahm, sie dürfe jetzt jedes Mal zuschauen, da redete der Mann doch einmal mit seiner Freundin. Die hatte aber gleich einen anderen Vorschlag: Ob er denn nicht mal mit der anderen schlafen könnte? Sie sei so frustriert, man müsse ihr etwas Gutes tun, sie, die Partnerin, würde auch bestimmt nicht eifersüchtig sein, einmal nur, eine einzige Ausnahme!

Nun ja – der Mann, aus Angst, von seiner Freundin mit Liebesentzug bestraft zu werden, ließ sich darauf ein und schlief zweimal mit der Mitbewohnerin. Eigentlich war er fest entschlossen, es möglichst wenig zu genießen – aber die Ungarn hatte wohl einige Massagetricks drauf, die ihn so erregten, dass er sogar zum Orgasmus kam, was er eigentlich hatte vermeiden wollen. Viel größere Sorgen aber bereitete ihm etwas anderes: Die Frau verhütete nicht, Kondome lehnte sie ab. Und aus der Panik heraus, seiner Partnerin einen Gefallen tun zu wollen und dabei Gefahr zu laufen, ungewollt mit einer anderen Frau ein Kind zu zeugen, war der Gedanke entstanden, sich sterilisieren zu lassen.

Eine schwierige Situation für den Arzt – da ist zum einen der Patientenwunsch, der natürlich zu berücksichtigen ist. Zum anderen aber ist da die Erfahrung des Mediziners, der schon oft erlebt hat, dass jemand sich unbedingt sterilisieren lassen wollte und in den überzeugendsten Worten schilderte, warum das für ihn die richtige Entscheidung sei – nur um dann ein, zwei Jahre später wieder in der Praxis zu stehen und zu erklären, dass er nun eine neue Frau gefunden habe, die wolle unbedingt Kinder, könne man nicht vielleicht …

Dieses Dilemma erklärte ich dem Patienten, und er verstand es auch. Wir kamen überein, vier Wochen zu warten – diese Zeit sollte er nutzen, um noch mal nachzudenken und sicherzustellen, dass er seine Entscheidung nicht aus einer momentanen Laune, aus dem Affekt heraus getroffen hatte. Dem stimmte er zu. Als er jedoch vier Wochen später wiederkam, war er von seinem Entschluss keinen Millimeter abgerückt – absurderweise, obwohl die Mitbewohnerin mittlerweile einen neuen Partner gefunden hatte und insofern keine Gefahr mehr für ihn bestand. Aber die Liebe zu seiner Freundin und sein Verständnis für ihre strikte Ablehnung von Kindern waren stärker, und so tat ich ihm notgedrungen den Gefallen. Sind ja nur ein oder zwei kleine Schnitte von gerade mal einem Zentimeter bei lokaler Betäubung, und ich hoffe nur, dass seine Lebensumstände sich nicht so ändern, dass er eines Tages wieder in meiner Praxis steht und mich bittet, ihn wieder zeugungsfähig zu machen: Er habe da eine neue Frau kennengelernt, mit der wolle er unbedingt ein Kind haben …

SAMENERGUSS IM CAFÉ

Aus gutem Grund dürfen verschreibungspflichtige Arzneimittel in Deutschland nicht beworben werden – wir Ärzte haben auch so schon genug zu tun, unsere Patienten zu überzeugen, wenn die unbedingt ein bestimmtes Präparat bekommen wollen, weil das damals bei der Tante Anni so gut gewirkt hat. Viel zu unterschiedlich sind die Krankheitsbilder, ihre Ursachen und vor allem die Menschen dahinter: Das Alter ist zu berücksichtigen, die allgemeine Konstitution, andere Medikamente, die der Patient womöglich einnimmt und die in Kombination mit einem neuen Wirkstoff zu unbeherrschbaren, vielleicht sogar lebensbedrohlichen Nebenwirkungen führen können. Es braucht also schon das Fachwissen und die Erfahrung eines Arztes, um das jeweils richtige Mittel herauszufinden und zu verschreiben.

Dennoch haben die Pharmafirmen natürlich nicht umsonst riesige Marketingabteilungen. In die Praxen und Kliniken schicken die ihre Vertreter, die dort aber nicht sehr viel mehr machen können, als die Vorzüge ihres Präparats anzupreisen und für gut Wetter zu sorgen, damit die Mediziner beim nächsten Rezept vielleicht an sie denken. Wollen sie hingegen direkt an den Kunden, also den Patienten, herankommen, müssen sich die Strategen dort schon ein bisschen mehr einfallen lassen. Beliebt sind Telefonaktionen: Zu einem bestimmten medizinischen Problem stehen für eine gewisse Zeit, einen Tag, ein paar Stunden, Ärzte zur Verfügung und beantworten die Fragen der Anrufer – ganz zufällig ist das Problem natürlich eines, für das die Firma gerade das passende Medikament zur Hand hat.

So wurde ich vor einiger Zeit eingeladen, an einer solchen Telefonaktion teilzunehmen. Thema sollte der vorzeitige Samenerguss sein. Es war im Sommer und sehr heiß. Na, dachte ich, bei diesem Thema und bei diesem Wetter – wer soll da schon anrufen? Glücklicherweise ist der Arzt während der Aktion nicht ortsgebunden, ein Computer leitet die Anrufe zu einer Telefonnummer meiner Wahl weiter, auch aufs Handy, wenn ich das will. Also ließ ich mich von der anstehenden Aktion nicht einschränken, sondern vereinbarte munter Termine beruflicher wie privater Natur für diesen Tag.

Es kam jedoch ganz anders – mein Telefon stand nicht mehr still. Ich engagiere mich ehrenamtlich politisch und musste an diesem Nachmittag zu einer Ortsbesichtigung. Meine Kollegen dort schauten einigermaßen befremdet, als während des Termins ständig mein Smartphone läutete, ich daraufhin ein wenig zur Seite ging und über Ejaculatio praecox, ihre Ursachen und die Methoden gegen sie referierte.

Als der Termin zu Ende war, dachte ich, nun habe ich wohl alle männlichen Bundesbürger mit Ejakulationsproblemen telefonisch beraten, und ich setzte mich vor meiner Praxis in der Münchner Fußgängerzone in ein Straßencafé. Aber ich hatte mich getäuscht: Im Minutentakt bimmelte das Handy, und während meine Kollegen zuvor ja zumindest wussten, was ich beruflich mache, muss die Situation in dem Café für die anderen Gäste mehr als merkwürdig gewesen sein: Da sitzt ein Mann vor einem Eiskaffee, erhält einen Anruf nach dem anderen und spricht dann über Sperma und Erektion, über Masturbation, Erregungsplateaus und Refraktärphase. Für mich sind diese Themen natürlich absolut alltäglich – aber als mir bewusst wurde, dass sie an einem schönen Sommertag in einem Münchner Straßencafé vielleicht doch etwas komisch wirken könnten, musste ich mich sehr zusammenreißen, um meine Gesprächspartner am Telefon nicht durch einen unvermittelten Lachanfall zu verstören.

Am Ende hatte ich in fünf Stunden über 70 Anfragen, teils sehr ausführlich, beantwortet. Aufgefallen war mir, dass erstaunlich viele Anrufer aus dem deutschen Osten, aus Thüringen und dem Erzgebirge kamen, außerdem noch eine große Gruppe von den Ostfriesischen Inseln. Das hatte aber, wie ich mir später erklären ließ, nichts damit zu tun, dass Thüringer und Ostfriesen häufiger als andere vom Leben bestraft werden, indem sie zu früh kommen. Vielmehr hatte das Pharmaunternehmen dort verstärkt für die Telefonaktion geworben, und der Computer, der die eingehenden Anrufe nach dem Zufallsprinzip auf mich und drei andere teilnehmende Kollegen verteilte, hatte ein Übriges getan. Dass sich jemand auf einer Insel in der Nordsee oder am Fuße des Fichtelgebirges vielleicht schwer überwinden muss, um endlich mit einem Arzt über sein Problem zu reden, und der sitzt dann während des Gesprächs in München mit einem Eiskaffee unter 100 anderen Leuten auf der Straße – vielleicht ist das mit ärztlichem Ethos nicht ganz zu vereinbaren, aber es belustigt mich bis heute.

DIE ERSATZGELIEBTE

Manchmal denke ich mir, wenn Patienten ihre Geschichte erzählen: Mensch, mach's doch einfach mal! Ich glaube tatsächlich – und die Wissenschaft gibt mir da zumindest teilweise recht –, dass lust- und liebevoller Sex viele Verkrustungen psychischer wie physischer Art aufbrechen und somit auch Probleme lösen kann. Erektionsstörungen sind ein solcher Fall: Die Angst vor dem Versagen führt zu erneutem Versagen. Da wäre es oft hilfreich, wenn der Mann einfach nur einmal erfahren könnte, dass er potent ist – das geht dann schon in Richtung selbsterfüllende Prophezeiung, denn wenn er daran glaubt, dass er eine Erektion bekommen wird, dann bekommt er in den meisten Fällen auch eine, körperliche Gründe natürlich ausgeschlossen.

Freilich ist es nicht immer so einfach. Der Patient war 37 Jahre alt, ein durchaus attraktiver Mann mit einem großen Problem: Er hatte Angst vor Sex. So drückte er das zwar nicht aus; er erzählte aber seine Lebensgeschichte, die man im Großen und Ganzen so zusammenzufassen kann: Seine

Mutter hatte ihn als Kind missbraucht – und nun dachte er, wann immer er in eine sexuell aufgeladene Situation geriet, an sie und diese erniedrigenden Situationen, an eine Badewanne und eine Gummiente darin, die beide wohl eine Rolle spielten. Das machte ihm sogar die Masturbation unmöglich, denn in jede Fantasie drängte sich das Bild seiner Mutter – und der Gummiente –, und schon war's vorbei mit der Lust.

Der Mann war Mathematiker von Beruf und hatte zuletzt acht Jahre in den USA gearbeitet, in San Francisco. In der Zeit hatte er auch eine Frau kennengelernt, Psychologin, er verliebte sich, sie verliebte sich. Eine gewisse Zeit konnte er sein Problem mit Küssen und mit Streicheln verdecken und mit dem nur scheinbar großherzigen Argument, Sex würde ihrer beider seelische Verbundenheit in Gefahr bringen. Das ging etwa zwei Monate gut. Dann aber, als sie wieder einmal nette Zärtlichkeiten austauschten, hatte die Frau genug von der Enthaltsamkeit: Sie machte seine Hose auf und versuchte ihn oral zu befriedigen.

Er wollte ja – aber es ging nicht, also zog er sich wieder einmal zurück. Nun wollte die Frau sich aber nicht mehr zufriedengeben, und er musste mit der Sprache herausrücken. Also erzählte er ihr seine Kindheitsgeschichte. Das war für eine Psychologin natürlich ein gefundenes Fressen, und sie hatte auch gleich einen Therapievorschlag: Wenn er in ihr, der Freundin, seine Mutter sehe, dann müsse eine zweite Frau her, mit der er dann ohne diese Projektion Sex haben könnte.

Sie waren in San Francisco, dort war es nicht schwer, eine solche Frau zu finden, eine Freundin der Freundin, die bereit war mitzumachen. Jedoch: Es wurde ein Desaster. Nicht nur wurde seine Freundin eifersüchtig, als sie die andere an ihm rummachen sah, er selbst fühlte sich auch völlig überfordert, und schon war's wieder vorbei mit der Potenz und der Erektion.

Die Frau hatte aber gleich die nächste Idee: Ein Freund sei von einem sexuellen Trauma geheilt worden von einer Frau namens Sharon, ob er die nicht einmal treffen wolle? Auf Nachfrage erfuhr er, dass Sharon ein sogenannter Surrogatpartner war, also jemand, der gegen Bezahlung sexuelle Dienstleistungen mit therapeutischem Hintergrund anbot – man könnte auch sagen: eine Psycho-Prostituierte. Aber warum nicht, dachte er und vereinbarte einen Termin mit ihr.

Sharon war nun nicht unbedingt das, was man eine Traumfrau nennt, eher durchschnittlich sah sie aus, nur eines fiel ihm auf: ihre ungewöhnlich großen, dabei sehr straffen Brüste. Man traf sich einmal, man traf sich ein zweites Mal, Sharon war eine gute Zuhörerin, er erzählte ihr seine ganze Geschichte. Dabei musste sie offenbar jedoch gemerkt haben, dass ihr Dekolleté ihn außerordentlich beeindruckte. So fragte sie ihn beim dritten Treffen, ob er denn nicht Lust hätte, ihre Brüste zu liebkosen? Hatte er, und als sie später meinte, ob er etwas dagegen habe, wenn sie seinen Penis anschaue und ein bisschen streichle, da ließ er sich auch das gefallen. Mit durchschlagendem Erfolg: Nach kurzer Zeit erfreute er sie mit einer massiven Ejakulation, die nicht nur einen Fleck auf ihrem Sofa hinterließ. Das allerdings ersparte ihm einen peinlichen Moment, den der Bezahlung – er gab ihr 500 Dollar und sagte, das sei für die Reinigung der Couch. Zwölfmal traf er Sharon in den nächsten drei Wochen, sie machte es ihm manuell und oral und immer erfolgreich. Wegen seiner Freundin hatte er kein schlechtes Gewissen: Die war während dieser Zeit im Ausland, also konnte er sich einreden, dass er ihr ja nichts wegnehme. Im Gegenteil: Als sie zurückkam, fiel er sofort über sie her, dreimal hintereinander hatten sie Sex – Sharon hatte ihn geheilt.

Wie das aber so ist bei Wissenschaftlern heutzutage: Seine Zeit in Amerika endete, er musste zurück nach Deutschland und seine Freundin in San Francisco zurücklassen. Als er zu mir in die Praxis kam, war das zwei Jahre her, und während dieser Zeit war es ihm nicht gelungen, eine neue Freundin zu finden. Nun befürchtete er, dass er in alte Verhaltensmuster zurückfallen und das Trauma seiner Kindheit sich erneut Bahn brechen könnte. Das war auch der Grund für seinen Besuch bei mir: Ob ich ihm eine Surrogatpartnerin vermitteln könne?

Das ist nun in Deutschland nicht so einfach wie in den USA: Aus gutem Grund verbietet das Gesetz sexuelle Beziehungen zwischen Therapeut und Patient (wobei ich in diesem Fall sowieso das falsche Geschlecht gehabt hätte) – zu groß ist die Gefahr, dass ein Abhängigkeitsverhältnis ausgenutzt wird. Eine Vermittlung kam ebenfalls nicht in Frage, ich wäre Gefahr gelaufen, mich wegen Zuhälterei strafbar zu machen. Aus therapeutischer und moralischer Sicht ist das Ganze ohnehin umstritten, zumindest bei ansonsten »normalen« Menschen. Etwas anderes ist die Lage meiner Meinung nach bei Behinderten, die keine Gelegenheit haben, einen adäquaten Sexualpartner zu finden, die aber natürlich trotzdem das Recht auf ein ausgefülltes Sexualleben haben, solange es selbstbestimmt ist: Auch hier ist die Gesetzeslage zumindest so unklar, dass jeder, der helfen möchte, ins Visier des Staatsanwalts geraten kann. Dass viele Pflegekräfte dieses Verbot unterlaufen und ihren Schutzbefohlenen auf »informelle« Weise behilflich sind, ist ein offenes Geheimnis.

Für meinen Patienten aber konnte ich nichts tun, jedenfalls nicht so, wie er sich das vorgestellt hatte. Eine Psychotherapie beginnen wollte er nicht. So konnte ich ihm nur raten, weiter nach einer Frau zu suchen – mit einem kleinen Dreh. Er solle, wenn er jemanden kennenlerne, doch frühzeitig seine Geschichte erzählen, dann habe er immerhin eine 50-Prozent-Chance: Entweder sie geht, oder sie macht mit. Das schien er nicht recht zu glauben, er verließ meine Praxis sehr enttäuscht.

Fünf Monate später jedoch rief er mich freudig erregt an: Er hatte eine Frau gefunden, sie sei bereit, seine Surrogatpartnerin zu sein – und das sogar ohne Bezahlung. Das hieß übersetzt, sie war seine Freundin und machte das Spielchen mit, das er in San Francisco gelernt hatte. Sie kam sogar aus Kalifornien, war jedoch keine Psychologin, und Sharon hieß sie auch nicht. Aber einen großen Busen, den hatte sie.

DIE SEXY SAMARITERIN

Was gibt es Intimeres als die eigene Sexualität? Ich glaube, das ist mit ein Grund, warum ich meinen Beruf gewählt habe – es geht nie nur um eine Erkrankung, eine Diagnose und ein Rezept, es geht immer um den ganzen Menschen, um sein Leben, seine Hoffnungen, seine Träume. Und manchmal steckt hinter einem ganz banalen Befund ein Schicksal oder Drama.

Die beiden Männer im Wartebereich meiner Praxis bekamen Stielaugen, als die Tür aufging und die nächste Patientin hereinkam: eine naturblonde Schönheit, fast 1,70 Meter groß, schlank, sportlich und braun gebrannt. Mein geübter Blick sagte mir aber sofort, dass an ihren Körperproportionen etwas nicht stimmte – der Busen war viel zu groß und sicher nicht von alleine auf DD-Größe gewachsen. Muss ich betonen, dass die beiden Herren das offensichtlich nicht als Nachteil betrachteten – und ich, ehrlich gesagt, auch nicht?

Die Beschwerden der jungen Frau sind alltäglich in einer Urologenpraxis: eine simple Harnwegsinfektion. Hier gehört zur Anamnese zwingend die Frage nach dem Sexualpartner. Die Patientin: »Der war Trainer in einem Fitnessstudio ...« Sie druckste herum und meinte dann, na ja, einen festen gebe es derzeit nicht.

Es war nämlich so: Sieben Jahre lang hatte sie, nun 24 Jahre alt, einen festen Freund gehabt. Dem war, passend zu seinem Beruf, gutes Aussehen ganz besonders wichtig, bei sich selbst und natürlich auch bei seiner Freundin. Er verwöhnte sie, und nichts war ihm zu schade für sie, nicht einmal die 8000 Euro, die er vor zwei Jahren in die chirurgische Vergrößerung ihres Busens investiert hatte. Diese hohe Summe habe ich geschätzt, denn die Brust war wirklich gut gemacht: nicht nur wohlgeformt, der Operateur hatte sein Handwerk so gut verstanden, dass die beiden Brüste (recht große Brüste, zugegeben) beim Gehen wippten, als wären sie natürlich – billigere Versionen lassen sich oft daran erkennen, dass sich da nichts mehr rührt und der Busen vor seiner Besitzerin herfährt, als wäre er betoniert.

Die Investition war allerdings zum Fenster hinausgeschmissen – denn jetzt hatte sich der Fitnessguru von ihr getrennt, wegen einer 19-Jährigen. Zwei Monate lang war sie extrem traurig und dachte, sie sei ohnehin die ganze Zeit nur das hübsche Schmuckstück an seiner Seite gewesen. Dann sann sie auf Rache und dachte darüber nach, wie sie ihn am schmerzhaftesten treffen könnte. Der erste Versuch klappte nicht – sie ging mit seinem besten Freund ins Bett, aber der Ex meinte nur, das zeige doch seinen positiven Einfluss über all die Jahre, dass sie sich auch nach ihm ihren guten Geschmack bei Männern bewahrt habe.

Die Frau arbeitete als Verkäuferin in einem noblen Uhrengeschäft in der Fußgängerzone. Dorthin kam eines Tages ein junger Mann, wenig attraktiv, picklig, in seinem ganzen

Auftreten verunsichert und sich seines niedrigen erotischen Status bewusst. Er wollte eine Damenuhr kaufen, stellte dann aber fest, dass er sich das favorisierte Modell nicht leisten konnte. Das machte ihm wohl seine Situation noch einmal richtig bewusst, er beklagte sich bei der Verkäuferin: Er bete eine Frau an, die aber nichts von ihm wissen wolle. Nun habe sie bald Geburtstag, er sei zur Party eingeladen und habe gehofft, mit der teuren Uhr punkten zu können. Aber er sei ja nur ein kleiner städtischer Angestellter, nie werde er seiner Angebeteten das bieten können, was sie von einem Mann erwarte – er stand kurz vor einem Weinkrampf.

Meiner Patientin tat der Mann leid, was übrigens für einen Mann die schlimmste Form der Anteilnahme ist. Gleichzeitig war sie aber in den Raffinessen weiblicher Strategie durchaus erfahren, witterte ihre Chance – und schlug ihm einen Deal vor: Er müsse nämlich seinen Schwarm eifersüchtig machen, ihr zeigen, was für tolle Hasen er an Land ziehen könne. Deshalb werde sie mit ihm zu besagter Geburtstagsparty kommen, wenn er dafür ihren neuen Freund spielen würde – bei einem Event wenige Tage vorher in dem Fitnessstudio, in dem ihr Ex arbeitete. Der Verwaltungsfachangestellte konnte sein Glück natürlich nicht fassen und war einverstanden.

Es war ein grandioser Erfolg – der Trainer war stinksauer über seine Ehemalige, weil sie es wagte, mit einem solchen Typen aufzutauchen, eine komplette Beleidigung seines Sinns für Ästhetik. Als Höhepunkt der Inszenierung warf sie sich beim Tanzen in die Brust, wodurch die Knöpfe ihrer Bluse aufsprangen – wo lernen Frauen solche Tricks eigentlich? –, worauf ihr Begleiter hilfreich zur Seite sprang und die Brüste mit seinen Händen bedeckte. Wahrscheinlich hat ihm diese Szene in den Tagen danach mehrere lustvolle Ausflüge ins Reich der Fantasie beschert.

Nun stand der zweite Teil des Deals an: sie mit ihm auf der Party seiner Angebeteten. Die Sache mit der Eifersucht hatte er für sich nach dem Erlebnis auf dem ersten Fest jedoch neu interpretiert – er hatte nur noch Augen für sie, sein Schwarm interessierte ihn nicht mehr. Und auch ihr gefiel das, dass da einer so restlos begeistert von ihr war. Es gefiel ihr so gut, dass die beiden am Ende des Abends im Bett landeten. Und als sich seine Begeisterung in einem gewaltigen Orgasmus entlud, da wusste sie: Sie hatte ein gutes Werk getan.

Vielleicht stimmte das sogar. Vielleicht hatte sie dem Nerd aus dem Uhrenladen so viel Selbstbewusstsein eingehaucht, dass er sich nun realistische Gedanken machen konnte, welche Frau er für sein Leben erobern wollte. Ihre Schlussfolgerung aus dem Erlebnis war aber völlig falsch: Sie fing an, aktiv solche Verlierer zu suchen, Männer, die bis dahin keine Chance gehabt hatten, jemals an eine Frau wie sie heranzukommen. Das führte allerdings dazu, dass sie meine Dienste als Urologe wieder verstärkt in Anspruch nahm, da die Anzahl ihrer Harnwegsinfekte deutlich anstieg. Denn ihre früher kaum erwählten Partner lebten jetzt an ihr alles aus, was sie vorher nur in ihrer ausschweifenden erotischen Fantasie oder virtuell auf den Internetpornoseiten erlebt hatten. Erst eine Impfung gegen diese immer wiederkehrenden Infektionen löste dieses Problem.

Natürlich wurden meiner Patientin diese Typen nach kurzer Zeit schon wieder langweilig – aber sie hatte ihnen doch etwas Gutes getan, oder? Die Herzen, die sie brach, die sah sie nicht. Und da ist dann auch die Kunst des Sexualmediziners am Ende.

DER SPRITZER

Die Patientin war nicht unbedingt das, was man sich unter einer klassischen Schönheit vorstellt – ein bisschen mollig, aber es gibt ja Männer, die mögen das. Immerhin war sie groß, 1,80 Meter bestimmt. Und ihr Anliegen war durchaus ungewöhnlich: Sie wollte einen Allgemeincheck, einen Schwangerschafts- und einen HIV-Test. Da musste ich ihr zunächst erklären, dass es das berühmte »Durchchecken« schon lange nicht mehr gibt, zumindest nicht in der Logik der Krankenkassen: Untersucht wird, wenn es Symptome gibt, die von einer Krankheit herrühren könnten. Einfach mal alles überprüfen, das wird schon lange nicht mehr bezahlt. Die Schwangerschaftstests, die der Arzt benutzt, sind zwar sensibler als die, die es in jedem Drogeriemarkt zu kaufen gibt, aber auch sie können frühestens nach einigen Tagen anzeigen, ob da etwas heranwächst – also müsste ich zumindest wissen, wann der fragliche Geschlechtsverkehr stattgefunden hatte. Und was den HIV-Test betrifft: Er ist ein so genannter Antikörpertest, das heißt, er reagiert auf Antikörper, die das menschliche

Immunsystem als Abwehr gegen die Infektion bildet. Dazu braucht es natürlich Zeit, frühestens drei Wochen nach der Ansteckung liefert er ein einigermaßen gesichertes Ergebnis. Nur zur Warnung: Sollte sich jemand tatsächlich mit dem HI-Virus angesteckt haben, dann ist er sofort selber infektiös, gibt also die Krankheit an eventuelle Sexualpartner weiter, auch wenn der Test – noch – ein negatives Ergebnis liefert. Diese Zeitspanne zwischen der Ansteckung und ihrer Nachweisbarkeit nennt man »diagnostische Lücke«.

Meine Erläuterungen befriedigten die Patientin überhaupt nicht: Sie war nun völlig aufgelöst und flehte mich an, sie müsse das alles unbedingt schneller, nein, unbedingt sofort wissen. Was denn überhaupt passiert sei, fragte ich sie, und sie fing an, mir ihre Geschichte zu erzählen.

23 Jahre war sie alt und hatte nach zwei Singlejahren vor Kurzem wieder einen Freund gefunden – einen ganz tollen Typen, was sonst. Mit ihm war sie am Abend zuvor in einer Diskothek, sie trafen einen Bekannten, einen algerischen Sprachstudenten. Der hatte sich eine echte Schönheit ausgeguckt, flirtete mit ihr, tanzte und gab ihr einen Drink nach dem anderen aus, bis die Frau ziemlich betrunken war. Um fünf Uhr früh wollte sie nach Hause, der Algerier bot an, sie nach Hause zu bringen, und der Freund der Patientin wollte unbedingt auch mit, warum auch immer. Sein Vorschlag, sie, seine Freundin, solle doch warten, er komme bald zurück, begeisterte sie gar nicht – sie war eifersüchtig, und deshalb erklärte sie, wenn die beiden Männer gingen, dann gehe sie auch mit. So geschah es. Man landete in der Wohnung der anderen Frau, es war noch eine Flasche Wein im Kühlschrank, und irgendwie kam man bei dem frühmorgendlichen, betrunkenen Gespräch auf das Thema Intimrasur. Die Schönheit wollte von dem Algerier wissen, wie es denn in

seiner Heimat damit stehe, und er erklärte, er selbst rasiere sich stets die Schamhaare. Das wolle sie sehen, sagte die Frau, und bot an: Wenn die beiden Männer ihre Hosen herunterließen, dann würde sie sich untenrum auch freimachen.

Hatte ich schon erwähnt, dass die Frau wirklich sehr attraktiv war? Kaum hatten die beiden Männer das Angebot gehört, schon waren die Hosen unten. Nun aber zierte sich die Lady, sie werde sich erst ausziehen, wenn die zweite Frau – meine Patientin – ebenfalls mitmache. Die wollte erst nicht, ließ sich aber dann doch überreden.

Die Wohnung war klein, und die Küche, in der sich das alles abspielte, war noch kleiner – meine Patientin musste sich auf den Küchentisch setzen, um ihr Höschen ausziehen zu können. Das war zu viel für den Algerier: Ihm wuchs mit einem Mal eine Riesenerektion. Das wiederum fand die Hausherrin lustig, sie nahm den Ständer in die Hand und drückte einmal kräftig zu.

Tja. Der arme Austauschstudent hatte wahrscheinlich schon länger keine nackte Frau mehr gesehen, geschweige denn war er von einer berührt worden. Hinzu kam die Enge in der Küche und die erotisch aufgeladene Atmosphäre. Die eine Berührung genügte, und er kam mit einer gewaltigen Ejakulation zum Orgasmus. Weil es nun aber so eng war, landete sein Sperma, wie es der Teufel will, auf dem Unterleib meiner Patientin.

Das war die Geschichte, die sie zu mir geführt hatte, und dass sie sofort am nächsten Tag zum Arzt gegangen war, war außerordentlich vernünftig: Durch eine solche Kontamination mit Sperma außen an der Vagina schwanger zu werden, ist zwar ziemlich unwahrscheinlich, aber doch möglich. Sehr viel höher ist die Infektionsgefahr mit HIV oder auch Hepatitis: Wenn das Sperma infektiös ist, dann genügt schon eine kleine Wunde im Schambereich als Einfallstor für die Krankheitserreger – Wunden, wie sie zum Beispiel bei der Intimrasur unweigerlich entstehen.

Ich machte alle Tests, die Frau hatte wahrscheinlich keine leichte Zeit, bis die Ergebnisse da waren, aber sie waren glücklicherweise alle negativ. Von ihrem Freund allerdings, so erzählte sie mir bei ihrem letzten Besuch, hatte sie sich mittlerweile getrennt, weil er sie nach dem Missgeschick auch noch massiv beschimpft hatte. War vielleicht doch nicht so toll, der Typ.

ZUM SADISMUS MISSBRAUCHT

Es mag bis hierher erscheinen, als biete der Beruf des Sexualmediziners in erster Linie skurrile, lustige Geschichten. Man darf jedoch nicht vergessen, dass die Menschen, die in die Praxis kommen, ein ernstes Problem haben, so ernst, dass sie sich mit ihren privatesten, intimsten Problemen einem fremden Menschen anvertrauen. Was auch geschehen ist – noch nie war ich in Gefahr, vor einem Patienten in Gelächter auszubrechen. Dazu bin ich in diesem Moment zu sehr Arzt, ganz darauf konzentriert zu helfen. Und gelegentlich kommt man nach einer Behandlung eher ins Nachdenken, als dass man den Wunsch verspürt, seinen Kollegen eine Anekdote zu erzählen.

So kam ein 32-jähriger Opernsänger mit seiner gleichaltrigen Freundin, ebenfalls an der Bühne beschäftigt, wegen Erektionsproblemen in meine Praxis. Ich unterhielt mich zunächst mit ihm alleine. Er komme selten bis zur Penetration, berichtete er, beim Vorspiel werde sein Penis zunächst schon steif, aber wenn's dann zur Sache gehen solle, sei alles vorbei. Die erste Frage in so einem Fall ist immer, ob das Problem denn auch beim Masturbieren auftritt – damit lässt sich eine körperliche Ursache meistens schon ausschließen. Der junge Mann atmete tief durch und fing an zu erzählen.

Mit Onanie komme er wohl zum Orgasmus, sagte er. Allerdings nur, wenn er an seine frühere Erzieherin denke. Er war nämlich in Hongkong aufgewachsen, seine Eltern waren Banker, und weil die damals immer früh aus dem Haus mussten, wurde er stets von dem chinesischen Kindermädchen geweckt. Die war nach seiner Erinnerung 25, 26 Jahre alt, nicht besonders hübsch, und so grob wie ihre Physiognomie war auch ihre Weckmethode: Sie zog ihm mit Gewalt die Decke weg. Zwölf Jahre war er ungefähr alt – also in einem Alter, in dem er zum einen entdeckte, dass morgens sein Penis steif war, ohne dass er etwas dafür getan hätte. Und noch mehr: Gelegentlich waren, wenn er aufwachte, der Pyjama und die Bettdecke nass. Das nennt man im Volksmund »feuchter Traum«, in der Wissenschaft »Pollution«: ein nächtlicher Samenerguss im Schlaf, meistens in der REM-Phase.

Eine solche Pollution wie auch die »Morgenlatte« sind bei jungen Männern völlig normal – Sorgen müsste man sich eher machen, würden sie ausbleiben. Die Kinderfrau jedoch beschimpfte ihn, wenn sie ihn so daliegen sah, und sagte, sie müsse ihn jetzt bestrafen. Dazu zog sie ihm die Hose herunter, legte ihn übers Knie und versohlte ihm den Hintern. Das sei, so erklärte sie ihm, außerdem die beste Methode, die Erektion wegzubekommen.

Am Anfang war ihm das natürlich furchtbar peinlich. Irgendwann aber fing er an, es toll zu finden – ungefähr zu dem Zeitpunkt, als er verstand, dass sie ihren Rock nicht nur hochzog, damit keine Flecken draufkamen. Und mehr noch, nachdem er bemerkt hatte, dass sie keine Unterwäsche trug. Das »Spiel« bauten sie aus: Wenn sie ihn badete und er eine Erektion bekam, musste er bestraft werden, und irgendwann reagierte sein Penis schon, wenn er sie nur sah, was wieder eine Tracht Prügel bedeutete. Manchmal wehrte er sich zum Spaß, dann wurde sie wütend und schrie ihn an, das machte ihn nur noch mehr an.

Auch wenn der Mann die Geschichte seiner Jugend ohne Bedauern und eher wie eine lustige Episode von früher erzählte: Was das Kindermädchen da mit ihm machte, war schwerer sexueller Missbrauch eines Kindes – in Deutschland würde man dafür mindestens zwei Jahre ins Gefängnis kommen. In Hongkong bemerkte niemand etwas davon, und als das Kindermädchen nach eineinhalb Jahren aus anderen Gründen entlassen wurde, war für den jungen Mann die Zeit der lustvollen Bestrafung vorbei. Dachte er.

Bis zu seinem 20. Lebensjahr lebte er ohne Beziehung – »ich war eine Jungfrau«, sagte er. Wie es danach weiterging in seinem Sexualleben, das zeigt, welchen Schaden zu früher Sex bei einem Kind – und fortwirkend beim Erwachsenen – anrichten kann. Als er seine erste Freundin fand, da suchte er sich eine Frau aus, die drei Jahre älter war und sehr dominant. Sie schubste ihn herum, sie beleidigte ihn, sie hatten, so erzählte er, »richtig guten Sex«. Zu seinem 24. Geburtstag wollte ihm sein Onkel etwas Gutes tun; er hatte zwei Stripperinnen engagiert. Die erste Nummer, irgendetwas Lesbisches, war schon recht – aber als die beiden Frauen danach als Domina und Sklavin auftraten, da turnte ihn das richtig an. Mit 27 endlich gestand er sich seine Neigung ein und besuchte von da an regelmäßig Sadomaso-Studios.

Nun aber sollte Schluss damit sein – er hatte die Frau seines Lebens gefunden, sie wollten heiraten und Kinder kriegen. Wenn da nicht … Seine Fantasien ließen ihn nicht los. Er schaute sich immer noch SM-Pornos an, er dachte daran, wenn er mit seiner Freundin schlief, und sein schönstes Erlebnis mit ihr war, als sie auf einer Faschingsparty eingeladen waren, die unter dem Motto »Lack und Leder« stand: Als sie heimkamen, war sie betrunken und hemmungslos, endlich behandelte sie ihn so schlecht, wie er es sich immer gewünscht hatte.

Höchste Zeit, die Frau dazuzuholen. Ihr war die Neigung ihres Freundes natürlich bekannt und sie verurteilte ihn nicht. Gelegentlich hatte sie sogar versucht, sich aufbrausend und bestimmend zu geben – »aber da bin ich einfach nicht authentisch«, klagte sie.

Mit Tabletten oder Spritzen war hier nicht zu helfen. Ich schlug ihnen eine Therapie vor, doch für wen der beiden? Für ihn, damit er von seiner Neigung wegkommen und ein »normales« Sexualleben führen konnte? Oder für sie, um auf die Bedürfnisse ihres Partners besser eingehen zu können? Schließlich einigten sie sich, dass der Mann sich einen Therapeuten suchen sollte. Ich konnte einen Kollegen empfehlen, mit dem ich schon seit Längerem sehr gut zusammenarbeitete.

Der Kollege berichtete mir später: Der junge Mann strengte sich sehr an, er arbeitete an sich, die Frau unterstützte ihn und kam, wenn notwendig, auch mit zu den Sitzungen. Allein: Er konnte nicht aus seiner Haut, er wurde die Bilder in seinem Kopf nicht los, nicht den Gedanken daran, wie erregend es für ihn war, schlecht behandelt, beschimpft, bespuckt, geschlagen zu werden. Vier Monate nach dem ersten Besuch bei mir trennte sich das Paar – so war der Mann 20 Jahre später erneut zum Opfer seines Kindermädchens geworden.

DIE WAND DES CÄSARS

Reisen bildet – das steht fest. Oder hätten Sie gewusst, was eine Cäsarenwand ist? Mein Patient wusste es auch nicht, bis ihn eine Dienstreise nach Mailand führte …

Der Mann, 38 Jahre alt, Ingenieur in einem großen Elektronikkonzern, war in die Sprechstunde gekommen und hatte einen »Penischeck« verlangt. Ein solcher ist nun weder in der medizinischen Nomenklatur noch in den Abrechnungssystemen der Kassen vorgesehen – also fragte ich ihn erst einmal, was er sich darunter denn vorstelle. Er wollte sein Ansinnen aber nicht präzisieren, sondern blieb dabei: Penischeck. Also bat ich ihn, die Hosen runterzulassen.

Was da ans Licht kam, war allerdings ein Desaster. Das Skrotum war übersät mit Hämatomen, der linke Hoden war deutlich geschwollen, und am Penis selbst fanden sich zahllose kleinere Wunden, die aussahen wie Bisse. Nun wollte ich natürlich wissen, was da passiert sei. Zuerst zögerte der Patient, aber es war ihm anzumerken, dass er doch stolz auf das war, was er erlebt hatte. Also fing er an zu erzählen.

Die Dienstreise hatte ihn nach Mailand geführt, und weil es abends langweilig war im Hotel, war er nach unten an die Bar gegangen. Dort saßen schon zwei Frauen, die er als Inkarnationen der heißen, süditalienischen Braut beschrieb. Sie konnten natürlich nicht ahnen, dass er perfekt Italienisch sprach, und unterhielten sich ganz ungeniert über ein pikantes Thema: nämlich ob man vom Penis eines Mannes auf seine Persönlichkeit und seinen Charakter schließen könne. Irgendwann mischte sich der Ingenieur ein, und nun wurde die Frage zu dritt erörtert.

Wie es so ist bei einem solchen »Dirty Talk«: Es machte ihn an, und die beiden Frauen waren, wie gesagt, ziemlich sexy. Er spendierte ihnen einen Drink und noch einen, in der Hoffnung, die beiden Damen damit anturnen und schließlich ins Bett quatschen zu können. Die waren zwar durchaus flirty – aber auf seine immer deutlicher werdenden Avancen gingen sie nicht ein.

Schließlich, als sie sich verabschiedeten, rückte er ganz offen mit seinem Wunsch heraus. Sie lächelten aber nur und gaben ihm eine Telefonnummer: Wenn er dort am nächsten Tag anrufen würde, dann …

Er tat das natürlich und bekam – von einer unbekannten Stimme – eine Adresse. Ein Taxi brachte ihn hin, er läutete an einer unauffälligen Tür, und als er seinen Namen sagte, wurde er tatsächlich eingelassen, allerdings gegen eine Zahlung von 600 Euro. Er wurde in einen Raum geführt, der dekoriert war wie im alten Rom. Und tatsächlich, da saßen seine beiden Bekannten an einer festlich gedeckten Tafel, und schon wurden beste Speisen und bester Wein aufgetragen. Er hatte in Italien noch nie so gut gegessen und getrunken, und die Unterhaltung mit den beiden Damen war auch sehr angeregt – jedoch: So richtig konzentrieren konnte er sich nicht, denn ständig dachte er daran, was denn nach dem Festmahl noch kommen würde. So charmant er auch nachfragte – die Frauen hüllten sich in lächelndes Schweigen.

Als das Dinner vorbei war, verschwanden die beiden unter einem Vorwand und ließen ihn alleine zurück. Nach wenigen Minuten betrat eine Frau das Zimmer, gekleidet in eine Tunika, führte ihn schweigend in einen anderen Raum und begann, ihn zu waschen – allerdings nicht so, als würde man ein schmutziges Kleinkind waschen, sondern sehr erotisch, offenbar einem nur ihr bekannten Ritual folgend.

Schließlich tat sie, was noch zu tun blieb, um seine Männlichkeit zu ihrer vollen Größe zu bringen. Dann führte sie ihn zu einer Wand, die samtüberzogen und gepolstert war; in unterschiedlichen Höhen fanden sich unterschiedlich große Löcher. Die Frau wählte das für ihn passende aus und führte sein bestes Stück hindurch. Dann ging sie.

Da stand er also, in einer Position, die er vielleicht als lächerlich hätte empfinden können – wenn er nicht so gespannt gewesen wäre, was nun auf ihn zukam. Es kamen: ein weicher Mund. Eine erfahrene Hand. Eine Erregung, wie er sie noch nie erlebt hatte. Und schließlich ein Orgasmus, von dem er meinte, man hätte jemanden mit seinem Spritzer erschießen können. Als er fertig war, erschien wieder die Frau in der Tunika, wusch ihn erneut und half ihm beim Anziehen Dann führte sie ihn hinaus.

Das war nun in der Tat ein außergewöhnliches, wenn auch nicht ganz billiges Vergnügen. Der Preis war ihm aber egal – am nächsten Abend wählte er wieder die geheimnisvolle Telefonnummer und meldete sich an, nicht ohne zu bitten, dass doch auch die beiden Damen ihm wieder Gesellschaft leisten möchten. Sie waren da, und das Essen war wieder genauso vorzüglich wie am Tag zuvor. Allein auf seine Fragen, ob sie denn etwas mit seinem erotischen Erlebnis am vergangenen Abend zu tun hatten, erntete er erneut nicht mehr als ein Lächeln. Wieder verschwanden sie nach dem Essen, von da an war das Procedere das gleiche wie am Tag zuvor: die Frau in der Tunika, die Waschung, schließlich die samtbezogene Wand. Als es dieses Mal losging, war es aber komplett anders: nicht mehr sanft und zärtlich, sondern hart, fordernd, schmerzhaft, fast brutal – deshalb aber nicht weniger erregend. Er geriet in einen Schwindel der Lust und wusste bald nicht mehr, mit welchem Körperteil sein Gegenüber hinter der Wand ihn gerade behandelte – Mund, Zähne, Hände, Fingernägel, Vagina (und wahrscheinlich auch After, denn bei meiner Untersuchung fand ich Darmbakterien auf seinem Penis). Noch gesteigert wurde seine Lust, weil er sich vorstellte, eine der Damen aus der Bar – oder womöglich sogar alle beide – machten sich da an ihm zu schaffen. Mit einem Wort: Es war Sex, wie er ihn noch nie erlebt hatte und den er nie mehr vergessen würde.

Als dieses Mal die Frau in der Tunika erschien – die bislang an beiden Abenden kein einziges Wort gesprochen hatte –, fragte er nun auch sie, wer denn hinter der Wand gewesen sei, seine Bekannten vielleicht? Sie antwortete nicht, sagte nur, alles, was sie verraten könne, sei, dass es tatsächlich Frauen gewesen seien, kein Mann, eine Möglichkeit, an die er bislang noch gar nicht gedacht hatte. Und: Er dürfe frühestens in einer Woche wiederkommen, und auch das nur, wenn er vorher bei einem Arzt gewesen sei und sich untersuchen habe lassen – das war nichts, worüber er nachdenken musste, sein Rückflug nach Deutschland war für den übernächsten Tag gebucht. Dann schwieg die Frau wieder und brachte ihn zur Tür.

Im Hotel, beim Duschen, sah er dann erst, was das unbekannte Gegenüber in seinen unteren Regionen angerichtet hatte – während der Erregung ist das Schmerzempfinden fast vollständig ausgeschaltet, deshalb hatte er die Verletzungen nicht bemerkt. Ihre medizinische Behandlung war unproblematisch. Die blauen Flecken würden von selbst verschwinden, der geschwollene Hoden war ansonsten unverletzt, auch das würde problemlos heilen, für die Wunden gab es eine Salbe. Zuletzt fragte ich ihn noch, ob er denn noch einmal in dieses Haus gehen wolle, nach dem, wie er dort zugerichtet worden sei. Er sagte nur, dass die nächste Reise nach Mailand schon organisiert sei, in vier Wochen gehe es los. Offiziell aus dienstlichen Gründen – für ihn aber, weil dort die Cäsarenwand stand.

ÜBER DEN AUTOR

Dr. med. Axel-Jürg Potempa ist Facharzt für Urologie mit Schwerpunkt Andrologie, Sexual- und Partnerschaftsmedizin. In seiner eigenen Praxis in München behandelt er sowohl Männer als auch Frauen, leistet medizinische Hilfe und bietet Gesprächstherapien an. Er ist in Fachkreisen durch seine zahlreichen wissenschaftlichen Veröffentlichungen und Vorträge ein Begriff. Aus dem Fernsehen und anderen Medien ist er auch einem breiteren Publikum bekannt.

256 Seiten
14,90 € (D) | 15,50 € (A)
ISBN 978-3-7423-0710-1

Ingo Wohlfeil

Liebe mit Tindernissen

Meine app-gefahrene Datingreise quer durch Europa

Wie stellen wir uns das perfekte erste Date vor? Völlig breit in einem Coffeeshop in Amsterdam? SM-Angebote in Zürich? Oder die Enttarnung der Verabredung als Escort-Dame? Nicht? Ingo Wohlfeil auch nicht – dennoch hat er all das hinter sich!

Mithilfe der modernen Technik begibt sich der Reporter für dieses Buch auf eine ganz besondere Reise: Mit Dating-Apps wie Tinder oder Lovoo lässt er sich paarungswillige Singles aus der Umgebung auf dem Mobiltelefon ganz einfach anzeigen. Von Hamburg über Leipzig bis München, von Istanbul bis Stockholm bereist er Europas Metropolen, um vor allem eines zu tun: attraktive Frauen aufspüren und daten, was das Zeug hält!
Entstanden ist ein äußerst unterhaltsamer Erfahrungsbericht mit vielen Tipps und Tricks aus einer Zeit, in der uns nur noch ein paar Klicks von einem Date, einer heißen Nacht oder dem Traumpartner fürs Leben trennen.

riva